T0208960

Organismische Rekorde

Klaus Richarz · Bruno P. Kremer

Organismische Rekorde

Zwerge und Riesen von den Bakterien
bis zu den Wirbeltieren

 Springer

Klaus Richarz
Lich, Deutschland

Bruno P. Kremer
Wachtberg, Deutschland

ISBN 978-3-662-53779-4   ISBN 978-3-662-53780-0 (eBook)
DOI 10.1007/978-3-662-53780-0

Die Deutsche Nationalbibliothek verzeichnet diese Publikation in der Deutschen Nationalbibliografie; detaillierte bibliografische Daten sind im Internet über http://dnb.d-nb.de abrufbar.

Einbandabbildung: © James Thew / Fotolia
Planung: Stefanie Wolf

Gedruckt auf säurefreiem und chlorfrei gebleichtem Papier.

Springer ist Teil von Springer Nature
Die eingetragene Gesellschaft ist Springer-Verlag GmbH Deutschland
Die Anschrift der Gesellschaft ist: Heidelberger Platz 3, 14197 Berlin, Germany

Zwischen winzig klein und gigantisch groß

Der Natur sind viele Dinge unmöglich.
Doch was sie tun kann, leistet sie meist überraschend gut.
Stephan Jay Gould (1941–2002)

Zahlen haben etwas Faszinierendes – gewiss nicht nur auf dem Kontoauszug (wenn sie denn mit positivem Vorzeichen schwarz verbucht sind), sondern generell, weil sie uns mit erstaunlich wenigen Zeichen die Größe aller Dinge verdeutlichen und somit auf einfache Weise objektive Vergleiche erlauben. Früher nahm man für solche Zwecke bestimmte Körperteile. So entstanden die traditionellen Längenmaße *Zoll, Spanne, Elle* und *Fuß*. Auch die heute als Messgröße weitgehend vergessene bis gänzlich unbekannte *Palme* ist ein unseren Körperabmessungen entnommenes Längenmaß; man versteht darunter die Länge einer ausgestreckten Hand von der Spitze des Mittelfingers bis zum Ansatz der Handwurzel, im Lateinischen *palma* genannt. In der bildenden Kunst diente sie bis weit in die Neuzeit zur Festlegung der idealtypischen Körperproportionen: Mehrere Teilstrecken entlang unserer Körperachse messen nämlich idealerweise recht genau eine Handlänge, so etwa die Strecke vom Haaransatz bis zum Kinn, ferner die Distanz vom Hals bis zur Höhe der Brustwarzen, dann auch deren Abstand vom Bauchnabel und weiterhin von dort bis zum Rest des Unterleibs.

Solche Längenangaben sind zwar originell, aber für den technisch-wissenschaftlichen Gebrauch eher untauglich. Ein bedeutsamer Schritt in Richtung objektiver Maße war 1875 die Unterzeichnung der Meterkonvention durch 17 Staaten: Seither verwendet man international einheitlich als Längenmaß *Meter*, den 40-millionsten Teil des Erdumfangs am Äquator. Sprachlich korrekt heißt diese Basiseinheit übrigens *das* Meter und nur in der Schweiz *der* Meter.

Die Trennung von den vielen historisch bedingt regionalen und von mancherlei Abweichungen bzw. Ungenauigkeiten gekennzeichneten Maßeinheiten erfolgte somit erstaunlicherweise relativ spät: Erst im Jahre 1889 führte die Erste Generalkonferenz für Maß und Gewicht (CGPM) das MKS-System mit den drei Basiseinheiten Meter, Kilogramm und Sekunde ein. Dieses unterdessen mehrfach erweiterte System wurde 1960 in *Système International d'Unités* (SI) umbenannt. Es gilt in allen Ländern und in allen Sprachen, in Deutschland seit 1970. In der EU ist die Verwendung der SI-Einheiten im amtlichen und geschäftlichen Verkehr gesetzlich vorgeschrieben.

In den USA haben sich die SI-Einheiten bisher fast nur im wissenschaftlich-technischen Bereich durchgesetzt. Seit etwa 1990 sind auch sämtliche Lehrbücher (mit Ausnahmen in einigen technischen Sondersparten wie Elektrodynamik) konsistent auf die SI-Einheiten umgestellt. Dem SI liegt die im Prinzip überaus erstaunliche Feststellung zugrunde, dass man zur Quantifizierung der Natur tatsächlich nur sieben Basisgrößen benötigt.

Der Maßbegriff Meter wurde passenderweise vom altgriechischen Wort *metros* abgeleitet, was ohnehin schon Maß bedeutet. Für den Alltagsgebrauch reichen meist seine überschaubaren Teile wie Zenti- oder Millimeter oder sein Vielfaches wie der Kilometer aus, um die üblichen Längenprobleme in knackige Zahlen zu fassen. Unterhalb oder jenseits der vertrauten Dimensionen werden Meterangaben jedoch ziemlich unhandlich: Wie viel 0,000001 m (Länge einer Bakterienzelle) oder 30.000.000.000.000.000.000 m (ungefährer Abstand der Erde zur Andromedagalaxie) tatsächlich sind, ist schwer oder eher nicht vorstellbar und zudem in der konventionellen Schreibweise einfach zu unübersichtlich.

Um zumindest diese Schwierigkeit in den Griff zu bekommen, haben die genialen Rechenkünstler des frühen 19. Jahrhunderts schon a) die vereinfachende Exponentialschreibweise und b) die teilenden Vorsatzangaben erfunden. Mit wenigen zusätzlichen Zahlzeichen lassen sich nun äußerst bequem und eindeutig alle im Universum vorkommenden Abmessungen darstellen. Teilt man beispielsweise die Länge 1 m zweimal hintereinander durch 10, erhält man den Zahlwert 10^{-2} m, was 1/100 m oder 1 cm entspricht und noch gut vorstellbar ist. Teilt man dagegen 1 m gar zehnmal hintereinander, ist man bereits bei winzigen 10^{-10} m und damit beim Durchmesser des kleinsten atomaren Bausteins der Materie, des Wasserstoffatoms. In diese Welten der Winzigkeit bis an die Grenze des überhaupt Darstellbaren entführen die verschiedenen Bautypen von Mikroskopen. Sogar einzelne Atome kann man seit Beginn der 1980er-Jahre mit Spezialverfahren der Rasterelektronenmikroskopie abbilden. Die kleinsten Atome sind „nur" höchstens 10^{10}-mal kleiner als wir selbst. Das Proton im Wasserstoffkern ist mit einem Durchmesser bei nur 10^{-14} m allerdings noch einmal ungefähr 10.000-mal kleiner und verhält sich damit zur Gesamtgröße des H-Atoms wie eine Stubenfliege zum Kölner Dom. Wenn man nun die Zahlenwiedergabe mit Exponenten wie 10^{10} oder 10^{-14} partout nicht mag, gibt es als weitere Möglichkeit der Verständigung die verkleinernden Vorsilben: 1 Millimeter (mm) ist der tausendste Teil eines Meters (10^{-3} m), 1 Mikrometer (µm) dessen millionster Teil (10^{-6}) bzw. 1 tausendstel Millimeter. Noch kleiner ist die Angabe Nanometer (nm; 1 nm = 10^{-9} m oder 10^{-6} mm). Eine genau entsprechende Skalierung gibt es für Kilogramm (kg), Gramm (g), Milligramm (mg), Mikrogramm (µg) und Nanogramm (ng).

Diesen Kleinstmaßen stehen die globalen und kosmischen Weiten gegenüber. Um von der eigenen Körpergröße in der Meterdimension auf den Durchmesser der Erde (Äquatordurchmesser = 12.756.320 m) zu kommen, muss man tatsächlich nur siebenmal mit 10 multiplizieren – die Erde ist damit, aus dem Weltraum im Profil betrachtet, tatsächlich nur 10^{7}-mal größer als ein Schulkind von 1,27 m Größe. Verlässt man allerdings die irdischen Gefilde und dringt gar mit Teleskopen in den erdfernen Kosmos vor, werden die Entfernungs- und Größenangaben buchstäblich astronomisch. Da reichen die für die irdische Praxis so handlichen Meter- oder Kilometerangaben nun gar nicht mehr aus, wenn man nicht Zahlenfolgen von Zeilenlänge(n) in Kauf nehmen möchte. Astronomen messen daher die Distanzen im Weltraum in Lichtjahren (LJ) und somit den Weg, den ein Lichtstrahl in einem Kalenderjahr zurücklegt, nämlich 9,46 Billionen Kilometer $= 9,46 \times 10^{12}$ km oder $9,46 \times 10^{15}$ m. Die Grenze des Universums vermutet man heute in einer Entfernung von etwa 13 Mrd. LJ. Das wären („leicht" aufgerundet) 10^{24} m. Die gesamte erfahrbare und irgendwie überschaubare Natur bewegt sich also zwischen etwa 10^{-14} (Durchmesser des Protons) und 10^{24} und damit über knapp 40 Zehnerpotenzen – ausgedrückt in Meter, dem (Längen-)Maß aller Dinge.

In diesem Buch unternehmen wir zwar diverse Streifzüge im Bereich von Abmessungen und Zahlenwerten, die jedoch überwiegend Größen und Leistungen von Lebewesen beschreiben. Die gesamte und zweifellos faszinierende Spanne aller 40 Zehnerpotenzen zwischen Proton und Universum werden wir dabei gewiss nicht durchschreiten, aber beim gelegentlichen Abtauchen in die kleinen Größenordnungen wohl doch so manches Mal auch in die mikroskopische Welt vordringen, wo nur noch die Bruchteile eines Millimeters auf der Messlatte stehen. Schon allein um die Größe der Lebewesen direkt miteinander zu vergleichen, muss man mehrere Zehnerpotenzen übergreifen: Der kleinste bekannte Einzeller, eine Bakterienzelle aus der Gruppe der Mykoplasmen, ist mit 0,00025 mm Durchmesser rund eine halbe Million mal kleiner als der größte Einzeller, der wie eine Superlinse aussehende Großkammerling *Cycloclypeus carpenteri* mit seinem respektablen Durchmesser von bis zu 13 cm. Das größte Säugetier, der bis zu 30 m lange (weibliche) Blauwal, ist dagegen nur 750-mal länger als der kleinste europäische Säuger, die Etruskische Zwergspitzmaus.

Auch Zahlen und Zahlenvergleiche zeigen uns somit die beachtliche Vielfalt des Lebens, ergänzend zu den vielen und variantenreichen Farben, Mustern und Gestalten, mit denen die Natur uns immer wieder und überall überrascht. Selbst in einfache Zahlen verpackt, weist sie unstrittig einen enormen Unterhaltungswert auf. Muntern Sie Ihre Skatrunde, das Kaffeekränzchen oder die nächste Abteilungsbesprechung doch einmal mit der Frage auf, wie viele Bakterien man auf einem i-Punkt dieser Buchseite aufstellen könnte, wie viele Kilometer Faden die Raupen des Seidenspinners für die neue Bluse der Kollegin spinnen mussten oder wie dick die größte Nussfrucht der Erde ist. Die folgenden Seiten verraten Ihnen die Antworten. Aber auch beim Nachsuchen und Lesen der übrigen Bilanzen aus der Welt der Lebewesen wünschen wir Ihnen viele Aha-Effekte und Lesefreude.

Zur Veranschaulichung der für Größen (Längen) und Massen (Gewichte) verwendeten Zahlenwerte und ihrer Maßeinheiten mögen folgende Umrechnungen hilfreich sein:

Längenmaße

m   = Meter
mm = Millimeter
μm = Mikrometer
nm = Nanometer
1 m   = 1000 mm = 1.000.000 μm = 1.000.000.000 nm
1 μm = 10^{-6} m = 10^{-3} mm
1 nm = 10^{-9} m = 10^{-6} mm = 10^{-3} μm

Masse („Gewicht")

kg = Kilogramm
g   = Gramm
mg = Milligramm
µm = Mikrogramm
ng = Nanogramm
1 g   = 1000 mg = 1.000.000 µg = 1.000.000.000 ng
1µg = 10^{-6} g = 10^{-3} mg
1 ng = 10^{-9} g = 10^{-6} mg = 10^{-3} µg

Trentepohlia – trotz ihrer abweichenden Färbung eine rindenbewohnende Grünalge

Organismen gibt es in einer unglaublichen Typenfülle sowie in allen erdenklichen Abmessungen. Mordwanze

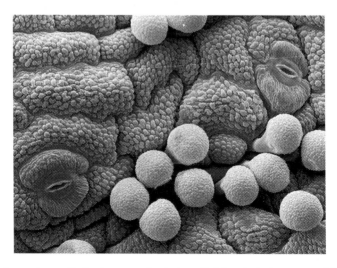

Am unteren Ende der organismischen Größenskala bewegen sich auch die besonders formschönen Pollenkörner (rasterelektronenmikroskopische Aufnahme)

Die winzigen Raupen von Zwergmotten (*Nepticula* sp.) erzeugen diese seltsamen Umfärbemuster im Buchenblatt

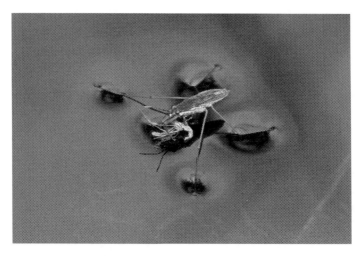

Wasserläufer halten den Rekord im Schnellflitzen auf Teichober-
flächen

Eher ein stiller Rekord: Der Uhu ist die größte europäische Eule

Auch ein Gigant: Superblume Sonnenblume – mit bis zu über 12.000 Einzelblüten im Korb rekordverdächtig

Nicht die Größten, aber dennoch eindrucksvoll: Buckelwal vor der Küste von Neuengland

Abbildungsverzeichnis

August, Sylvia
* Kap. 4 *Rafflesia*

Bellmann, Heiko (über Frank Hecker)
* Einleitung *Wasserläufer*

Blickwinkel (über Frank Hecker)
* Kap. 5 *Kiwi*

Fischer, Eric
* Kap. 5 *Malaienbär, Panda, Sibirischer Tiger*

Fotolia
* Kap. 5 *Mondfisch, Walhai, Afrikanischer Wildhund, Schrecklicher Pfeilgiftfrosch, Wasserbüffel, Gabelbock, Rostkatze, Gepard, Riesenmuschel, Gaur, Mandrill, Opossum, Inlandtaipan, Bienenelfe*

Hecker, Frank
* Einleitung *Uhu*
* Kap. 3 *Hallimasch, Riesenbovist, Knollenblätterpilz*

Limbrunner, Alfred

* Kap. 5 *Haussperling, Indischer Riesenflughund, Streifengans, Rauhautfledermaus, Großer Abendsegler, Elch, Wapiti, Braunes Langohr*

Lüthje, Erich

* Kap. 1 Kapitelaufmacher (Bakterien), *Bakterien*

Mestel, Eckhard (über Frank Hecker)

* Kap. 5 *Wanderfalke*

Müller, Walter

* Einleitung *Mordwanze*
* Kap. 3 *Judasohr*

Rachel, Reinhard | Huber, Harald | Stetter, Karl O.

* Kap. 1 *Nanoarchaeum equitans, Ignicoccus hospitalis*

Richarz, Klaus

* Kap. 5 *Zirkuselefant, Eselohrhase, Schneekranich*

Schneider, Heinz

* Kap. 2 *Wimpertier*

Storch, Volker

* Einleitung *Pollenkörner*
* Kap. 4 *Pollenkörner*

Tuttle, Merlin
* Kap. 5 *Centurio senex, Hummelfledermaus*

Wikimedia
* Kap. 5 *Spanische Tänzerin*

Inhaltsverzeichnis

1
Bakterien – Die Kleinsten der Kleinen

Haben Sie schon einmal Bakterien live gesehen? Im Prinzip ist das kein Problem, denn heute gelingt es selbst mit einem simplen Schülermikroskop und unter Zuhilfenahme konventioneller Füllertinte (Methylenblau) als kontrastierendes Färbemedium im Handumdrehen. Eine bemerkenswert ergiebige und immer zuverlässige Materialquelle dafür ist die eigene Mundschleimhaut: Hier siedeln ständig – pardon, auch in Ihrer Mundhöhle – mehr Bakterien, als die EU an Einwohnern zählt.

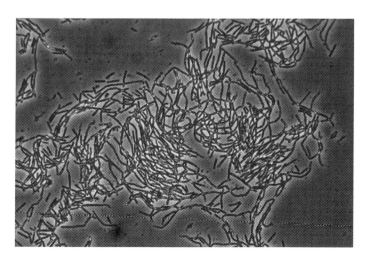

© Springer-Verlag GmbH Deutschland 2017
K. Richarz und B. P. Kremer, *Organismische Rekorde*,
DOI 10.1007/978-3-662-53780-0_1

Den weitaus meisten Generationen vor uns blieben diese Mikroorganismen jedoch verborgen und deshalb unbekannt. Die erste eindeutige zeichnerische Darstellung stammt von dem Delfter Tuchhändler und bemerkenswerten Mikroskopiepionier Antony van Leeuwenhoek (1632–1723) aus dem Jahre 1684, die er der überaus erstaunten Royal Society in London vorlegte. Erst im 19. Jahrhundert vollzog sich eher zögerlich die Entdeckung vieler weiterer dieser Kleinstorganismen. Die Gattung *Bacterium* für stäbchenförmige Vertreter stellte Christian Gottfried Ehrenberg (1795–1876) im Jahre 1838 auf. Ferdinand Julius Cohn (1828–1898) prägte den bis heute gängigen Sammelbegriff Bakterien, die er seinerzeit einfach den Pflanzen zuordnete.

In der allgemeinen Wahrnehmung haben Bakterien – vulgo meist als Bazillen oder als Keime bezeichnet – kein positives Image. Viele von ihnen sind tatsächlich gefährliche Krankheitserreger: Von der Cholera (*Vibrio cholerae*) bis hin zum Wundstarrkrampf (*Clostridium tetani*) verursachen sie aus humanzentrierter Sicht unnötigerweise eine Menge medizinischer Probleme. Es ist zugegebenermaßen nur schwer einzusehen, worin der biologische Sinn dieser fallweise extrem gefährlichen Krankheitserreger liegt. Ob die Natur hier ein im Prinzip recht wirksames, aber zivilisatorisch (leider?) erfolgreich unterlaufenes Regulativ für die ungehemmt anwachsenden Populationen der Spezies *Homo sapiens* vorgesehen hat? Ähnliche Überlegungen betreffen übrigens auch die fast immer fatalen Viren, die man aus guten Gründen nicht zu den Lebewesen zählt. Sie sind nämlich generell nicht zellig aufgebaut, haben lediglich die Abmessungen besonders großer Moleküle, enthalten auch

immer nur eine der beiden für „richtige" Organismen typischen Nukleinsäuren (RNA *oder* DNA) und sind im Blick
auf ihre tatsächlichen Größen bzw. Funktionen am ehesten
als vagabundierende Gen(-gruppen) zu verstehen. Einen
besonderen biologischen Auftrag oder Sinn sucht man auch
in diesem Konglomerat kritischer bis lebensgefährlicher
und ausnahmslos problematischer Makromoleküle bislang
vergebens. Für die Forschung waren sie fallweise allerdings
ein besonderer Glücksfall: Die beiden Nobelpreisträger
Max Delbrück (1906–1981) und Salvador Luria (1912–
1991) haben am Beispiel von Viren, die nur Bakterien be-
fallen (Bacteriophagen), grundlegende molekulargenetische
Sachverhalte zur Struktur der Gene aufklären können. Ihre Proben stammten übrigens aus den Abwässern von Los
Angeles.

Trotz ihrer aus bürgerlicher Sicht äußerst miserablen Fa-
ma nehmen die weithin ungeliebten Bakterien in der Natur
einen wichtigen und sogar gänzlich unentbehrlichen Platz
ein. Die allermeisten von ihnen sind nämlich keine heim-
tückischen Krankheitserreger, die gänzlich perfide unseren
Lebensfaden zu durchtrennen versuchen, sondern haben
ökologisch einen äußerst bedeutsamen Job: Sie managen
lautlos, unauffällig, wirksam und auch noch zum Nullta-
rif den größten Teil des Materialrecyclings, ohne das kein
Ökosystem reibungslos funktionieren kann. Ihre Arbeit in
Abwasserkläranlagen ist daher ebenso unverzichtbar wie
in Komposthaufen, auf der Mülldeponie oder im Umsatz
organischer Materialien auf dem Waldboden. Zudem darf
man die Bedeutung der Bakterien für unsere Lebensmittel-
wirtschaft nicht aus den Augen verlieren: Die gesamte und
für unsere Ernährung gänzlich unverzichtbare Milchwirt-

schaft wäre undenkbar, wenn es nicht Bakterientypen wie die segensreichen Milchsäurebakterien der Formengruppe *Lactobacillus* gäbe. Joghurt oder Käse in seiner gesamten kulinarischen Vielfalt, auch Quark und sonstige Sauermilchprodukte könnte man ohne deren hilfreichen Job glatt vergessen.

Die Einordnung der Bakterien in den Stammbaum der Organismen bereitete allerdings lange Zeit enorme Probleme. Beim Blick in etwas ältere Lehrbücher der Biologie bzw. Botanik erscheinen die Bakterien gar in einem eigenen Kapitel unter der seltsamen Bezeichnung *Spaltpflanzen* als Gruppierung innerhalb des Pflanzenreichs. Diese Notierung empfanden viele Systematiker schon immer als relativ unbeholfen und deswegen allenfalls vorläufig. Tatsächlich reicht die bloße Unterscheidung von Pflanzen und Tieren für die moderne Biosystematik nicht mehr aus. Die Welt der Lebewesen ist in der Tat wesentlich vielfältiger. Der verdienstvolle amerikanische Mikrobiologe Carl Richard Woese (1928–2012) verteilte um 1990 sämtliche Lebewesen auf der Basis einer erheblich erweiterten Kenntnis auf nur drei von ihm so benannte *Domänen*. Die zuvor einheitlich als Bakterien bezeichneten Lebewesen verkörpern danach zwei völlig verschiedene und deswegen auch konsequent zu trennende Entwicklungslinien: Die einen sind die schon lange bekannten „klassischen" Bakterien (zeitweilig Eubakterien genannt), die anderen die davon gänzlich abweichenden Archaeen. Beide Domänen, Archaea und Bacteria, bilden das bisherige Organismenreich der Prokaryoten (Vorkernlebewesen) – allesamt Vertreter mit einem relativ einfachen Zellbauplan, der ohne Zellkern und ohne Zellorganellen auskommt. Der gesamte Rest der Lebewesen, also die Protisten, Pflanzen, Pilze und Tiere, gehören zur Domäne Eucarya – es sind die altbekannten Eukaryoten bzw. Zellkernlebewesen.

Das folgende Kapitel berichtet unterschiedslos über beide Domänen – Archaea und Bacteria.

Lebenskünstler Prokaryoten

Selbst wenn man die prokaryotisch organisierten Lebewesen im Vergleich zu den hochentwickelten Eukaryoten als relativ einfache und ursprüngliche Basisgruppen im Wurzelbereich des organismischen Stammbaums einstuft, sind sie doch alles andere als primitiv. Schon allein die enorme Bandbreite ihrer ökologischen Möglichkeiten verdient uneingeschränkten Respekt – setzt sie doch vor allem in der molekularen Dimension allerhand ausgeklügelte Anpassungsmechanismen voraus. Gewiss, es gibt Eisbären in der Arktis und Pinguine in der Antarktis sowie (unter anderem) Reptilien, Vögel und Säugetiere in den heißesten Fels- und Sandwüsten – in Biotopen also, die uns als permanentes Ambiente sicherlich nicht besonders zusagen. Prokaryoten (und davon vor allem die Archaeen) sind indessen allen anderen Organismen in ihren ökologischen Möglichkeiten unschlagbar weit voraus.

Die Rieselspuren an den Felswänden des Colorado River bestehen
nur aus Prokaryoten

Tatsächlich lassen sie auf der Erde keinen auch noch so
ausgefallenen Platz unbesetzt. Sie gedeihen unter physiko-
chemischen Bedingungen, die man nach bürgerlich-subjek-
tiver Einschätzung nur als extrem bezeichnen kann. Allein
hinsichtlich der Temperaturen, die spezialisierte Prokaryoten verkraften, liegen die Grenzmarken aktiven Lebens

um rund 140 °C auseinander. Die Untergrenze bestimmt die Verfügbarkeit flüssigen Wassers, die Obergrenze legen die Halbwertszeiten der thermisch zerfallenden Biomoleküle fest. Allerdings: Höllisch heiß oder klirrend kalt, dazu extrem sauer oder äußerst salzig sind einschätzende Bewertungen, die wir gewöhnlich aus unserer Wohnzimmersesselperspektive vornehmen. In der rund 3 Mrd. Jahre umfassenden Geschichte des Lebens auf der Erde waren extreme Bedingungen über lange Zeiten sozusagen völlig normal. Bei genauer Betrachtung der Ausdehnung und Verteilung der terrestrischen Klimagürtel kommt man aber übrigens rasch zu der Überzeugung, dass die Wahrnehmung aus der gemütlichen Kuschelecke immer noch eher eine Ausnahme ist. Und wenn man gar die gigantische marine Biosphäre hinzunimmt, die sich im Unterschied zur Lebens*fläche* des Festlands tatsächlich als ein Lebens*raum* mit kilometertiefen Dimensionen darstellt, wird das von Organismen eingenommene Biotopspektrum noch vielfältiger – und umso bestaunenswerter. Wer in der Nähe kochend heißer vulkanischer Quellen am Meeresboden und in völliger Dunkelheit mit den hier mengenweise erfolgenden Emissionen giftiger Schwefelverbindungen bestens leben kann, ist tatsächlich etwas Besonderes und verdient vorbehaltlos unsere Bewunderung, auch wenn die physiko-chemischen Verhältnisse an solchen Standorten etwas ganz Normales darstellen. Unnötig zu betonen, dass Prokaryoten – Vertreter der Archaea ebenso wie der Bacteria – an solchen Habitaten wie selbstverständlich als Hauptakteure beteiligt sind.

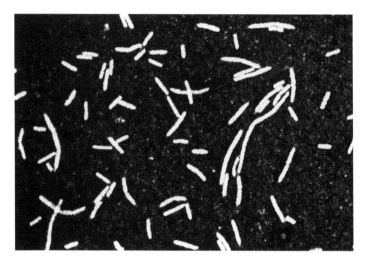

Bakterien sind wirklich überall – im Boden, auf sämtlichen Alltags-
objekten und sogar auf unserer Haut

Bedrückende Verhältnisse

Die je nach Festlegung bis in rund 400 km Höhe rei-
chende Lufthülle der Erde lastet auf die Erdoberfläche
in Meereshöhe mit einem Druck von 1 atm (Atmosphäre) = 1,0325 bar = 760 Torr. Diese physikalisch definierte
und verstandene Normalatmosphäre unterscheidet sich
von der technischen nur um knapp 2 %; letztere gibt man
mit einem Druck von 1 kp/cm², die Normalatmosphäre entsprechend mit 1,033 kp/cm² an. Die ursprünglich
eingeführte Einheit Torr benannte man seinerzeit nach
dem toskanischen Physiker und Mathematiker Evange-

lista Torricelli (1608–1647), dem Nachfolger Galileis als Hofmathematiker des Großherzogs von Florenz. Dieser vielseitige Naturgelehrte erfand 1640 das Quecksilberbarometer. Darin drückt die natürliche Luftlast je 1 Torr das Quecksilber (Hg) in einem zuvor evakuierten und an einem Ende verschlossenen Glasrohr um exakt 1 mm hoch. Eine physikalische Atmosphäre entspricht demnach 760 Torr bzw. 760 mm Hg. Mediziner messen den diastolischen und systolischen Blutdruck traditionell immer noch in dieser Einheit, obwohl sie schon seit 1977 gesetzlich nicht mehr zulässig ist. Immerhin liefert sie nicht so unhandliche Zahlen wie die heute vorgeschriebene Einheit Pascal (Pa), die man an modernen Barometern ablesen kann (1 atm = 1013,25 mbar = 10.1325 Pa = 1013,25 hPa). Denn was würden Sie zu einem Blutdruck von beispielsweise 15.198 zu 10.693 (Pa) sagen?

Im Lebensraum Meer sind die Dinge komplexer. Hier lastet außer dem Atmosphärendruck auch die mit der Tiefe an Wirkung zunehmende Wassersäule auf den Organismen. Je 10 m Wassertiefe kommt jeweils 1 atm hinzu. Ein Taucher, der in 30 m Wassertiefe absteigen möchte, muss dort, mithilfe technischer Gerätschaften, mit einem Druck von 4 atm beatmet werden.

Die tiefsten bekannten Meeresgebiete der Erde (Vitiaz-Tief) reichen bis rund 11 km unter die ozeanische Wasseroberfläche hinab. An deren Boden herrscht ein Druck von deutlich über 1000 atm. Der ist selbst mit raffinierten technischen Mitteln unter Laborbedingungen nur schwer herstellbar. Erstaunlicherweise kommen aber selbst unter diesen Druckbedingungen in der Meerestiefe nicht wenige Organismen vor, darunter natürlich auch Bakterien, welche die von oben herabrieselnden organischen Partikeln abbauen. Wie ist das möglich? Ein gasgefüllter Luftballon schrumpft in 1000 m Wassertiefe auf 1/100 seines Ausgangsvolumens. Befüllt man ihn aber mit Wasser, verliert er überhaupt kein Volumen, denn Wasser ist als Flüssigkeit so gut wie inkompressibel: Selbst unter sehr hohem Druck behält die Flüssigkeit ihr Anfangsvolumen bei. Da alle in der Tiefsee vorkommenden Lebewesen – und eben auch die Bakterien – letztlich wassergefüllte Räume darstellen, kann ihnen der Umgebungsdruck nur wenig anhaben. Befunde aus der jüngeren Forschung sprechen allerdings dafür, dass manche Tiefseebakterien nur unter stark erhöhtem Druck gedeihen – sie sind also offenbar nicht nur barotolerant, sondern sogar ausgesprochen barophil. Die Forschung an solchen Formen ist allerdings technisch außerordentlich schwierig, weil man zwischen der Bergung und Überführung in Laborkultur immer eine starke Druckentlastung (Dekompression) in Kauf nehmen muss.

Wie auf Wolke 7:
Bakterien hoch in der Luft

Schon seit Langem ist bekannt, dass die Winde nicht nur wässrige Wolken durch die Atmosphäre verschieben. Gelber Feinsand aus der Sahara, der sich auf den sommerlichen Firnfeldern der Alpen niederschlägt, ist für die Partikelfracht der Luft ein ebenso sicherer Hinweis wie die dünnen Staubbänder, die man Tage oder Wochen nach heftigen Vulkanausbrüchen eventuell auch auf der eigenen Fensterbank findet. Die winzigen Teilchen in der Atmosphäre sind sogar außerordentlich wichtig für die Tröpfchenbildung, denn ohne diese Vorgänge könnte es schließlich überhaupt nicht regnen.

Nun sind in der Luft aber nicht nur Ascheteilchen, Sandkörnchen oder andere mineralische Partikeln unterwegs. Mit Wind und Wolken reisen auch Pilzsporen und Pollenkörner weitflächig umher. Warum also nicht auch Bakterien oder gar Viren? Natürlich sind Bakterien und vermutlich sogar an mineralische Teilchen angeheftete Viren Bestandteil der atmosphärischen Stäube, eventuell sogar Krankheitserreger. Nach Einschätzung britischer Forscher sollen darauf die in Westeuropa selbst in abgelegenen Farmen plötzlich und unerklärlich auftretenden Tierseuchen zurückzuführen sein – man vermutet einen Ferntransport etwa der Erreger der Maul- und Klauenseuche (MKS; Erreger ist das MKS-Virus) mit Kotstaub von infizierten Tieren aus Nordafrika. Dazu genügt es, dass nur ein Teil der im Ursprungsgebiet in die Luft gehenden Keime die Reise durch die Atmosphäre bei klirrender Kälte, stark verringertem Druck und intensivem Strahlungsklima unbeschadet übersteht – was angesichts der sonstigen Toleranzgrenzen von Bakterien und auch Viren eigentlich nicht besonders verwundert.

Die Wolke als Lebensraum? Aber ja …

Dieses Bild ergänzen die 2013 veröffentlichten Ergebnisse einer NASA-Studie: Während und nach den Tropenstürmen *Earl* und *Karl* nahm eine Forschergruppe Proben über Meeres- und über Landgebieten. Rund 20 % der nachgewiesenen Partikeln waren marine und terrestrische Bakterien aus 17 verschiedenen Arten. Offensichtlich wurden diese Zellen durch *Earl* und *Karl* aufgewirbelt und in höhere Schichten der Troposphäre entführt.

Der gelegentliche oder sogar planmäßige Lufttransport organismischer Verbreitungseinheiten ist allerdings etwas anderes als ein ständiges oder auch nur längeres (Über-)Leben in der Troposphäre mit Stoffwechsel und Zellvermehrung. Bereits vor der NASA-Studie von 2013 hatte man in Wolkenwasser über 1000 Bakterienzellen/ml gefunden. Diese Bakterien nutzen den Wolkenraum, angeheftet an kleine Kondensationskerne, tatsächlich nicht nur als Transportroute, sondern wirklich als Lebensraum. Einige Formen können sich offenbar von den hier immer vorhandenen Kohlenwasserstoffen aus terrestrischen Immissionsquellen ernähren. Bei anderen ist die Stoffwechselbasis noch nicht geklärt. Alle bisher in der Troposphäre gefundenen Bakterien gehören der erdgebundenen Biosphäre an und sind nicht ausschließlich auf den Biotop Wolke spezialisiert. Sie können aber die hier herrschenden Bedingungen durch besondere Anpassungen bestens überstehen. Ein Leben auf (oder in) Wolke 7 ist demnach möglich, aber nicht besonders gemütlich.

Hölle pur: Das strahlenresistenteste Bakterium

Als die Physiker um die Wende zum 20. Jahrhundert der natürlichen Radioaktivität auf die Spur kamen und schon bald eine Menge strahlender Elemente entdeckten, hatte man von der gesundheitsschädigenden Wirkung der radioaktiven Strahlung noch keine Vorstellung. Erst allmählich wurde deutlich, dass energiereiche Strahlung nicht nur ein physikalisch interessantes Phänomen ist, sondern im Körper zerstörerisch wirkt. Marie Curie (1867–1934), eine der verdienstvollen Wissenschaftlerinnen aus der Pionierzeit der Erforschung radioaktiver Elemente, in der noch unbekümmert mit diesen Materialien umgegangen wurde, verstarb an Leukämie.

Nachdem die Lebensfeindlichkeit harter ionisierender Strahlung erkannt war, setzte man sie umgekehrt als Waffe gegen unerwünschte Mikroorganismen (umgangssprachlich einfach Keime genannt) ein. Zu den gängigen Verfahren, mit denen man Keime etwa in Lebensmittelkonserven abtötet, gehört die Sterilisation mit radioaktiver Strahlung (oft mit einer Cobaltstrahlenquelle, meist ^{60}Co) oder mit Röntgenstrahlung (γ-Strahlung). Die Anwendungen beschränken sich fast ausschließlich auf den industriellen Bereich, wenn etwa medizinische Bedarfsartikel (Einwegspritzen, Verbandmaterial u. a.) sterilisiert werden, sowie ferner auf Verpackungsmaterialien für Pharmazeutika. Auf diese Weise lassen sich Pilzsporen und die meisten Bakterien zuverlässig ausschalten. In der Laborpraxis setzt man dagegen fast ausschließlich ultraviolette Strahlung (UV) ein. Zelltötend wirkt vor allem das Wellenband 200–280 nm (UV-C). Das Wirkungsoptimum liegt bei der Wellenlänge 260 nm, die vor allem von den Nucleinsäuren absorbiert wird. Energiereiche UV-Strahlen verursachen in der DNA strukturelle Veränderungen, darunter besonders häufig kovalente Ringschlüsse zwischen kettenbenachbarten Pyrimidinbasen (Cytosin und Thymin). Sie stören die DNA-Replikation und führen so schließlich zum Zelltod. Die eingesetzten Strahlenquellen sollten Wellenlängen unter 200 nm allerdings nicht durchlassen, da sonst toxisches Ozon entsteht. UV-Strahlung setzt man in unbenutzten Laborräumen (vorzugsweise über Nacht) auch zur Raumsterilisation ein. Bei der damit angestrebten Keimreduzierung ist allerdings zu beachten, dass die Bestrahlungsstärke (Bestrahlungsdosis; auf der Bezugsflächeneinheit auftreffende Strahlungsleistung einer UV-

Quelle) natürlich dem Strahlungsgesetz unterliegt und mit dem Quadrat der Entfernung abnimmt. In 2,5 m Distanz zur UV-Quelle beträgt die Bestrahlungsstärke nur etwa 1 % derjenigen bei 30 cm Abstand.

Bei dem Bakterium *Deinococcus radiodurans* versagt diese Methode. Die Zellen einiger Stämme, die man bereits 1956 aus strahlensterilisierten Fleischkonserven isolierte, überstehen sogar unbeschadet eine Hölle mit einer Strahlendosis von bis zu 15.000 Gy – mehr als die 3000-fache Dosis, die die meisten anderen Organismen überleben. Der Mensch überlebt sogar nur eine Strahlendosis von höchstens 3 Gy. Der Grund für die Resistenz von *Deinococcus* ist ein ungewöhnlich leistungsfähiger Eigenreparaturmechanismus für die besonders strahlensensible Erbsubstanz DNA. Ob diese Spezies in den nach wie vor bestehenden Strahlenhöllen von Tschernobyl und Fukushima vorkommt, ist bislang nicht bekannt.

Heimtücke in Potenz: Das stärkste organismische Gift

Von einer giftigen Substanz spricht man in Fachkreisen, wenn davon 200 mg/kg Körpergewicht des Zielorganismus tödlich wirken. Als „sehr giftig" stufen Fachleute einen Stoff ein, wenn bereits 25 mg/kg Körpergewicht für die Reise ohne Wiederkehr ausreichen. Für einige Naturstoffe reicht diese Klassifizierung überhaupt nicht aus, denn sie sind noch erheblich giftiger. Das Stäbchenbakterium *Clostridium botulinum* führt mit seinem gefährlichen Gift die Hitliste an: Für den Menschen sind nur etwa 35 ng oder 0,5 ng/kg Körpergewicht eine absolut tödliche Dosis. Die winzige Menge von 1 ng entspricht der Winzigkeit von 1 Milliardstel Gramm. Das *botulinum*-Toxin (manchmal auch Botulinum-Gift genannt) ist rund 50.000-mal wirksamer als das bisher stärkste synthetisch hergestellte Gift, das Tetrachlordibenzodioxin (TCDD). Diese Substanz erregte erstmals nach einem folgenschweren Unfall in einer Chemiefabrik im norditalienischen Seveso am 1. Juli 1976 erhebliche öffentliche Aufmerksamkeit. Das *botulinum*-Toxin ruft das Vergiftungsbild des Botulismus hervor, eine tödlich verlaufende Lähmung durch verdorbene Lebensmittel und insbesondere den Inhalt verdächtig aufgebeulter Konservendosen. Unter der Bezeichnung „Botox" wird es seit einigen Jahren – natürlich in äußerst geringer Dosierung – in der kosmetischen Chirurgie zur Straffung der Gesichtshaut injiziert oder bei bestimmten Nervenerkrankungen eingesetzt. Ein zu Recht warnender Hinweis aus Fachkreisen verkündet folgende zutreffende Einsicht: Wenn man Botox im Bereich der Lippen nicht absolut korrekt anwendet, kann die betroffene Person anschließend „Suppe" weder sagen noch nach dem Kodex der feinen Tischmanieren problemfrei auslöffeln …

Nahe verwandt mit den *botulinum*-Bakterien ist übrigens der Erreger des gefährlichen Wundstarrkrampfes, die Bakterienart *Clostridium tetani*. Das Tetanustoxin wirkt bei Säugetieren in einer Konzentration ab 2 ng/kg Körpergewicht absolut tödlich. Warum gerade die Bakterien so enorm giftige Naturstoffe produzieren, ist immer noch ein ungeklärtes Problem, denn die betreffenden Substanzen sind für ihr eigenes Überleben eigentlich total unwichtig.

Aus einer Zeit vor den Dinos:
Die ältesten lebensfähigen Organismen

Fossilien sind im Allgemeinen keine quietschmunteren Lebewesen, sondern deren in irgendeiner konservierbaren Form dauerhaft überlieferten Reste. Bei den Mikroorganismen kann man sich jedoch in einzelnen Fällen nicht so ganz sicher sein, ob man ein Fossil oder einen lebenden Organismus bzw. ein tatsächlich lebendes Fossil vor sich hat.

Im Oktober 1999 entdeckte man bei Carlsberg im US-Bundesstaat New Mexico in 250 Mio. Jahre altem permischem Salzgestein eingeschlossene Bakterien, die sich im Labor tatsächlich wieder zu aktivem Leben erwecken ließen und die Stammbezeichnung 2-9-3 bzw. den Namen *Bacillus permians* erhielten. Schon wenige Jahre zuvor waren im Magen einer in 40 Mio. Jahre altem Bernstein eingeschlossenen Biene Bakterien der Spezies *Bacillus sphaericus* gefunden worden, die sich im Labor ebenfalls wieder in aktiv wachsende Kulturen überführen ließen. Schon in den 1970er-Jahren tauchten vergleichbare Berichte von lebensfähigen Bakterien in den permischen Zechstein-Salzlagern Hessens auf. Jedoch ließen sich damals nicht die letzten Zweifel ausräumen, ob die Keime möglicherweise erst wesentlich später oder gar erst während der Laboruntersuchung in die betreffenden Gesteinsproben geraten waren.

Unterdessen mehren sich die Berichte, dass sich aus permischen Zechstein-Lagerstätten beispielsweise in den Alpen und in Großbritannien unter allen erdenklichen Vorsichtsmaßnahmen kontrolliert entnommene Steinsalzproben prokaryotische Mikroorganismen isolieren und in der anschließenden Laborkultur zwar mühsam, aber tatsächlich wieder in das (stoffwechsel)aktive Leben zurückholen ließen. Alle bislang isolierten Formen erwiesen sich als Vertreter der Domäne Archaea und sind daher zutreffend als Haloarchaeen zu bezeichnen. Sie weisen mit den rezenten Vertretern dieser Domäne zwar mancherlei Ähnlichkeiten auf, wären aber allesamt als neue Arten zu beschreiben. Wen wundert es – nach mehr als einer Viertelmillion Jahre ist die Evolution nicht stehen geblieben.

Salinen, Salz und Sole: Leben in hochkonzentrierten Laken

Wenn das Salz in der Suppe gemeint ist, handelt es sich immer um das bezeichnende Kochsalz (Natriumchlorid, NaCl). Schon vor Jahrtausenden hat man es nicht nur als geschmacksverbessernden und zeitweilig hochbezahlten Nahrungsmittelzusatz verwendet, sondern auch seine konservierenden Eigenschaften für sonst leicht verderbliche Lebensmittel
genutzt: Die praktische Erfahrung zeigte den Menschen schon in vorhistorischen Zeit, dass Einpökeln mit kräftigen NaCl-Gaben Fisch und Fleisch, aber auch manche Gemüse vor dem sonst unaufhaltsamen Verderben bewahren konnte. Erst die modernere Mikrobiologie konnte beide Prozesse genauer durchleuchten und verständlich machen: Das vorzeitige Vergammeln von Lebensmitteln ist immer ein mikrobieller Abbauprozess, der auf das Kon-

to von Bakterien wie von Mikropilzen geht, während die gezielte Salzbehandlung diesen unerwünschten Destruenten zuverlässig das Handwerk legt. Der zugrundeliegende Wirkmechanismus ist ziemlich einfach: Salz in genügender Konzentration entzieht den Zellen der attackierenden Mikroben das lebensnotwendige Wasser, trocknet sie also gleichsam aus und bremst sie so auf physiko-chemisch höchst einfache und wirksame Weise.

Aber: Es gibt unter den Mikroorganismen nicht wenige ökologische Spezialisten, die selbst mit hohen bis höchsten Salzkonzentrationen in ihrem Lebensraum bestens leben können und für ein optimales Gedeihen diesen für gewöhnliche Organismen enorm schädlichen Stressfaktor sogar unbedingt benötigen. Gewöhnliches Meerwasser weist einen weltweit durchschnittlichen Salzgehalt von etwa 35 ‰ (heute meist zitiert als 35 psu, „practical salinity unit") auf – das sind 35 g Salz in 1 kg (nicht Liter!) Meerwasser. Für Süßwasserorganismen bzw. Landlebewesen ist das bereits eine zuverlässig tödliche Dosis. Nun gibt es aber auf allen Kontinenten hypersaline Seen, in denen die Salzkonzentrationen erheblich höher liegen: Als Rekordhalter gelten der Assal-See in Djibouti auf dem westafrikanischen Afar-Dreieck mit einer Salinität von 34,8 % (348 psu) und das Tote Meer in Israel/Jordanien mit einem Salzgehalt von 33,7 % (337 psu) – das ist fast die zehnfache Salzkonzentration von gewöhnlichem Meerwasser. Der Große Salzsee in Utah/USA bringt es immerhin noch auf 27 % und der Mono Lake in Kalifornien auf knapp 10 %. Bei diesen Konzentrationsangaben ist zu berücksichtigen, dass die Sättigungskonzentration für NaCl bei 20 °C bei knapp 36 % liegt.

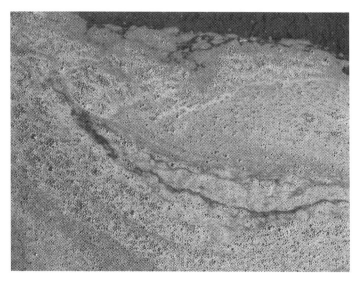

Haloarchaeen und Salzkristalle auf einem Trocknungsbecken

In allen weltweit daraufhin untersuchten hypersalinen Gewässern kommen Bakterien vor. Bislang bezeichnete man sie mehrheitlich als Halobakterien, doch zeigten neuere Untersuchungen dass sie mehrheitlich zu den Archaeen gehören und folglich eher als Haloarchaea zu bezeichnen sind. Eine besonders gut untersuchte Spezies ist das weltweit verbreitete *Halobacterium halobium*. Diese besondere Form kann durch das Pigment Bakteriorhodopsin (dem Sehpigment in unseren Augen strukturverwandt) die Lichtenergie für einen zellauswärts gerichteten Protonentransport nutzen und diesen Gradienten anschließend für die Synthese energiereicher Zwischenmetabolite (wie Adenosintriphosphat, ATP) einsetzen. Dieser Vorgang gilt heute als bemerkenswerte Parallelentwicklung zum konventionellen und schon bei den Eubakterien verwirklichten Standardverfahren der Fotosynthese mit den Antennenpigmenten Chlorophyll *a* und *b*. Das in den Haloarchaeen enthaltene Pigment Bakteriorhodopsin färbt übrigens die Salzteiche in Regionen, in denen man Meersalz durch Eintrocknung von Meerwasser gewinnt, intensiv karminrot. Die auffällige Färbung der Meerwassereintrocknungsbecken war schon den Geschichtsschreibern der Antike (wie Herodot und Plinius) bekannt, aber erst die jüngere Forschung erkannte solche Farbeffekte als bakterielle Massenentwicklungen. Übrigens: Das so gewonnene und kulinarisch äußerst geschätzte Meersalz, in der Bretagne *Fleur de sel* genannt, enthält je Gramm etwa 10^5-10^6 Zellen von Haloarchaeen – aber dennoch keine Sorge: Keiner dieser extrem halophilen Mikroorganismen ist nach bisherigem Kenntnisstand pathogen.

Erkenntnisse vom Reitenden Urzwerg

Das kleinste bisher bekannte Archaeon trägt den netten und durchaus bezeichnenden Artnamen Reitender Urzwerg. Karl O. Stetter hat diesen Winzling 2002 in Laborkulturen an der Universität Regensburg entdeckt. Die Arbeitsgruppe Stetter ist das weltweit erfolgreichste Forscherteam im Aufspüren, Kultivieren und Beschreiben von extremophilen Archaeen aus ungewöhnlichen Biotopen, in denen man Leben lange Zeit für unmöglich hielt. Weit über 50 Arten wurden bislang in Regensburg isoliert und charakterisiert.

Der Reitende Urzwerg (*Nanoarchaeum equitans*) erhielt seinen Namen einerseits wegen seiner geringen Größe – die Zellen messen nur 400 nm oder 0,4 mm im Durchmesser.

Zudem ist er wirklich ein Reiterlein, denn er heftet sich an die Zelloberflächen größerer Archaeen an – vor allem an der Feuerkugel (*Ignicoccus*). Wegen vieler sonstiger Besonderheiten ist er der bislang einzige Vertreter einer neu eingerichteten Abteilung *Nanoarchaeota* innerhalb der Domäne Archaea. Ob die Beziehungen zwischen Nanoarchaeum und *Ignicoccus* parasitischer oder symbiontischer Natur sind, ist bislang noch nicht entschieden. Beide Arten wachsen nur in sauerstofffreiem Milieu bei zwischen 70 und 110 °C.

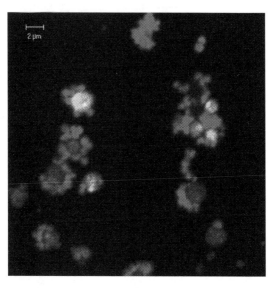

Kokultur von Nanoarchaeum equitans (*kleine Kugeln*) und Ignicoccus hospitalis (*große Kugeln*), sequenzspezifische (ss r-RNA) Fluoreszenzfärbung mit konfokaler Lasermikroskopie

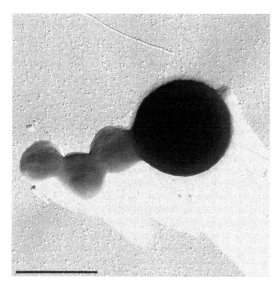

Elektronenmikroskopische Darstellung der Kokultur von Ignicoccus hospitalis („Gastliche Feuerkugel") und Nanoarchaeum equitans („Reitender Urzwerg"), der einzigen bisher bekannten Lebensgemeinschaft zweier Archaeen. Sie leben in kochendem Wasser und ernähren sich von Schwefel, Wasserstoff und Kohlenstoffdioxid. Schwermetallbedampfung, Maßstab 1:1000 mm

Noch ein paar Winzlinge:
Wer sind die kleinsten Lebewesen?

Für viele Menschen sind die gewöhnlich nicht besonders gut gelittenen (wenngleich in ökosystemarer Betrachtung völlig unentbehrlichen) Bakterien gleichbedeutend mit den kleinsten Winzlingen, welche die Natur zu bieten hat. Wie groß oder besser klein sie nun wirklich sind, kann man sich verständlicherweise nicht besonders gut vorstellen, weil man sie nicht einmal in Millimeterangaben besonders gut messen kann. Da mögen ein paar einfache Vergleiche hilfreich sein.

Für viele Bakterienzellen kann man eine Länge von etwa 1 tausendstel Millimeter (mm) = 1 Mikrometer (µm) veranschlagen. Damit könnte man also 1000 einzelne Bakterienzellen dieser Größenordnung wie die Waggons eines (so allerdings nicht realisierbaren) Güterzugs hintereinander reihen, um auf die Länge von 1 mm zu kommen. In einer normalen menschlichen Zelle, zum Beispiel einer Zelle der Mundschleimhaut, können etliche tausend Bakterien ohne nennenswertes Gedränge leben. Selbst auf der pieksenden Spitze einer normalen Stecknadel lassen sich etliche Dutzend bis zu rund 100 Bakterien ohne nennenswertes Gedränge unterbringen. Auf einem gewöhnlichen Stecknadelkopf von etwa 1 mm^2 Grundfläche finden – könnte man sie exakt lotrecht wie Frankfurter Würstchen im Konservenglas aufstellen – fast eine Million (10^6) Bakterienzellen Platz, auf einem i-Punkt dieser Buchseite übrigens auch nicht viel weniger. In einem normalen Stecknadelkopf, einem Raum von etwa 1 mm^3 Inhalt, passt äußerst bequem etwa eine Milliarde (10^9) durchschnittlich großer Bakterienzellen. Nimmt man einmal die Länge einer kleinen Bakterienzelle auf der einen und ein 1 m großes Schulkindes (10^0 m) auf der anderen Seite, dann verhalten sie sich größenmäßig etwa so wie ein Mensch zur gesamten Erdkugel, die man mit ihrem Äquatordurchmesser von 12.756.320 m auf abgerundet ca. 10^7 m veranschlagen kann. Zwischen beiden Vergleichsgrößen liegen tatsächlich nur sieben Zehnerpotenzen oder ein Zahlenverhältnis von 1:7 Mio.

Die kleinsten bisher entdeckten Bakterien sind die Mykoplasmen. Ihre winzigen Zellen messen im Durchmesser nur etwa 0,2 µm oder 200 nm. Rund 5000 Mykoplasmen müsste man also ganz dicht hintereinander packen, um auf die Länge von 1 mm zu kommen. Diese Winzlinge sind so klein, dass ihnen sogar ein paar wesentliche Einrichtungen zum selbstständigen Leben fehlen – sie müssen daher immer als parasitische Piraten in tierischen Zellen leben. Auch beim Menschen kommen sie hin und wieder vor und verursachen unangenehme Entzündungen in der Mundhöhle.

Auch unter den Kleinen gibt es Große

Im Prinzip arbeiten unsere Augen wie eine Kamera: Die Augenlinse mit ihrer Brennweite von etwa 17 mm entwirft auf der Netzhaut im Augenhintergrund mit ihren über 125 Mio. Sehzellen ein Bild wie das Kameraobjektiv im Gehäuse. Eine wichtige Größe zur Beurteilung der angelieferten Bildqualität ist das räumliche Auflösungsvermögen. Darunter versteht man den minimalen Abstand, den zwei Punkte oder Linien gerade noch haben dürfen, um getrennt wahrgenommen zu werden. Das menschliche Auge schneidet dabei viel besser ab, als man meist annimmt. Immerhin kann es aus normalem Leseabstand (25 cm) Objektstrukturen unterscheiden, wenn diese höchstens 0,15 mm voneinander entfernt sind – so eben auch die i-Tüpfelchen auf dieser Buchseite. Der zugehörige Sehwinkel ist dann etwa 25 Bogensekunden groß. Ist der Abstand dagegen kleiner, verschmelzen die betreffenden Bildpunkte zu einer Einheit. So kann man beim Vierfarbendruck die nebeneinander gesetzten Farbpunkte räumlich nicht mehr auflösen – der Farbauftrag verläuft daher zu einem einheitlichen Bildeindruck. Die Sehschärfe ist eine individuelle und zudem naturbedingt altersabhängige Leistung. Die benannten 0,15 mm sind daher nur ein Durchschnittswert.

Die meisten Bakterien liegen deutlich unter diesem Wert – man kann sie folglich mit bloßem Auge nicht mehr als einzelne Zellen erkennen. Nur ihre massenhaften Ansammlungen – Biofilme oder Mikrobenmatten genannt – fallen als Strukturen in der Umwelt auf, beispielsweise die von Eisenbakterien verursachten rostigbraunen Niederschläge in Kleingewässern (vor allem im Frühjahr wahrzunehmen) oder die schwarzen Rieselspuren auf senkrechten Felswänden, die man auch im internationalen Sprachgebrauch bezeichnenderweise *Tintenstriche* nennt.

Seit 1997 kennt man allerdings eine Bakterienart, deren Zellen man ohne Weiteres mit bloßem Auge sehen könnte, wenn uns deren spezifischer Lebensraum einfach zugänglich wäre: Die *Thiomargarita namibiensis* genannten Ketten aus im Durchmesser bis zu 0,75 mm großen Zellkugeln leben in einem rund 740 km langen und bis etwa 70 km breiten Streifen vor der Küste Namibias in rund 100 m Wassertiefe in den obersten, etwa Handbreite messenden Schichten eines Sediments aus abgestorbenen Kieselalgen. Entdeckt und beschrieben hat diese Riesenbakterien eine Forschergruppe des Max-Planck-Instituts für Mikrobiologie (Bremen).

Stoffwechseltechnisch ist *Thiomargarita* bemerkenswert flexibel: Die Art kann sowohl unter reduzierenden (anoxisch) wie unter oxidierenden Bedingungen (oxisch) mit energetischem Gewinn arbeiten. Wenn das Sediment durch

Aufwirbelungen mit Meerwasser durchmischt wird, kommen die Zellen mit Sauerstoff und Nitrat in Kontakt. Im Unterschied zu anderen Schwefelbakterien erträgt *Thiomargarita* Sauerstoff bis zur Sättigungsgrenze. Bei Anwesenheit von Sauerstoff nehmen die Zellen vor allem Sulfid auf. Jetzt wirkt gelöster Sauerstoff als Elektronenakzeptor. Unter sauerstofffreien (anoxischen) Bedingungen dient dagegen das Sulfid als Elektronendonator und Nitrat als Elektronenakzeptor. Die Zellen reduzieren dann das aus der Wassersäule aufgenommene Nitrat zu Ammonium (NH_3) oder molekularem Stickstoff (N_2).

Weit jenseits unserer Schmerzgrenze: Leben in höllischer Hitze

Ausgeprägte Lebensraumspezialisten und ökologische Sonderlinge können sich an Stellen behaupten, wo andere längst aufgeben müssen. Vor allem das Heer der Mikroorganismen überrascht in dieser Hinsicht mit überaus erstaunlichen Vorlieben für ziemlich ausgefallene Existenzrahmenbedingungen. Viele von ihnen besiedeln wässrige Lebensräume, aber durchaus nicht die übliche Palette von der Regenpfütze über den Gartenteich bis zum Bodensee, sondern ein Ambiente, in dem man Leben nach erster Einschätzung für völlig unmöglich hält. Schon lange kennt man beispielsweise die kuriose einzellige Rotalge *Cyanidium caldarium* aus Vulkanquellen, die besonders üppig in ungefähr 60 °C heißer und gleichzeitig konzentrierter Schwefelsäure (tatsächlich bis etwa 1 N) gedeiht. Nach neueren (begründeten?) Vorschlägen wird diese Form vor allem nach morphologischen Kriterien in mehrere Arten (Gattung *Galdiera*) gegliedert.

Nur weil es eine so beachtliche Bandbreite extremer Mikroorganismen gibt, finden sich nun wirklich in jedem noch so abweisend erscheinenden Erdenwinkel hochgradig angepasste Besiedler mit dem jeweils passenden ökologischen Profil. Als das Tote Meer seinen Namen erhielt, hat man ganz offenbar nicht so ganz genau hingeschaut bzw. mangels geeigneter optischer Hilfsmittel hinschauen können, denn diese hochkonzentrierte Salzlake wimmelt tatsächlich geradezu von mikrobiellen Abenteurern. Und auch das Death Valley ist (spätestens seit Karl May) eher zu Unrecht als *Tal des Todes* in die Unterhaltungsliteratur eingegangen. In vielen seiner Teilbereiche geht es nämlich durchaus quicklebendig, allerdings zugegebenermaßen nicht allzu augenfällig zu.

In der physikalisch-chemischen Umwelt lassen sich die Extremfaktoren recht klar ausmachen. Eiseskälte mit Temperaturen um den Gefrierpunkt oder die Umgebung vulkanischer Feuer im Siedebereich des Wassers sind zweifellos Bedingungen, unter denen sich Leben nach landläufiger Einschätzung nicht entfalten kann.

Schon im 19. Jahrhundert erkannte man jedoch an Algenbelägen in den 70 °C heißen Karlsbader Thermen, dass manche Organismen sich eben nicht an unsere eigenen Schmerzgrenzen halten. Auch weiß man schon seit geraumer Zeit von Bakterien, welche die Selbstentzündung von Heu verursachen und schon so manche Scheune in Flammen setzten. Solche Brandstifter gibt es in den Gattungen *Bacillus* und *Clostridium*.

Aber erst die systematische Erforschung ungewöhnlicher Lebensräume der Erde, beispielsweise festländischer oder untermeerischer Vulkanfelder, führte zur Entdeckung von Bakterien, deren Wachstumsoptimum immer oberhalb von 80 °C liegt. Man nennt sie deswegen Hyperthermophile. Bei Temperaturen, bei denen wir uns immer noch die Haut verbrühen, fallen diese Heißwasserspezialisten bereits in Kältestarre. Unter schwachem Überdruck ertragen sie sogar Temperaturen von über 100 °C – der derzeit bekannte, in einem Speziallabor der Universität Regensburg kultivierte Rekordhalter bringt es sogar auf knapp 130 °C. Sie kommen in heißen Vulkanquellen vor, wie man sie von Island, dem großartigen Yellowstone Nationalpark, Neuseeland oder einigen karibischen Inseln sowie der Bucht von Neapel (Flegräische Felder) kennt. Seltsam lauten auch die wissenschaftlichen Gattungsnamen, die man ihnen angesichts ihres wahrhaft höllischen Ambientes gegeben hat – etwa *Archaeoglobus* („Urkugel"), *Pyrobaculum* („Feuerstäbchen"), *Thermofilum* („Hitzefaden") oder *Thermotoga* („Hitzehülle").

Kochende vulkanische Quellen sind für manche Mikroorganismen kein Problem

Escherichia: Der einsame Star unter den Bakterien

Eines der berühmtesten Bakterien, wenn nicht sogar der Platz-1-Kandidat, ist *Escherichia coli* – häufig gerade in wissenschaftlichen Publikationen als *E. coli* zitiert. Entdeckt hat es der Kinderarzt Theodor Escherich (1857–1911) im Jahre 1885 während seiner Tätigkeit an einer Kinderklinik in München. Nach umfänglichen Laboruntersuchungen veröffentlichte er seine Entdeckung in der 1886 erschienenen Habilitationsschrift *Die Darmbakterien des Säuglings und ihre Beziehungen zur Physiologie der Verdauung*. Darin nannte er die aus dem Windelinhalt isolierte Bakterienform *bacterium coli commune*. Erst im Jahre 1919 hat man sie in den bis heute gültigen Namen *Escherichia coli* umbenannt.

Escherichia-Zellen sind typische Bazillen (lat. *baculus*, Stäbchen) und haben die Form gerader, zylindrischer Gebilde mit abgerundeten Enden. Ihr Durchmesser beträgt etwa 1,5 µm und in der Länge können sie durchaus 6 µm erreichen. In der auch in der modernen Bakteriologie immer noch bedeutsamen klassischen Gramfärbung, die besondere Merkmale der Bakterienzellwand erfasst, verhalten sie sich stets gram-negativ.

Escherichia ist ein offenbar unentbehrlicher Bestandteil der bakteriellen Darmflora im unteren Darmtrakt warmblütiger Säugertiere (einschließlich Mensch) und ist hier unter anderem ein wichtiger Produzent von Vitamin K. In der menschlichen bakteriellen Darmflora nehmen die *Escherichia*-Zellen dennoch einen erstaunlich geringen Anteil von nur etwa 0,1 % ein. *Escherichia* kann nach Ausscheidung auch in anderen Ökosystemen überleben. In Gewässern gelten solche Zellnachweise als sicherer Hinweis auf Kontamination durch Fäkalien. Weil die Differenzialdiagnose zu anderen Darmbakterien auf der Basis nur der gestaltlichen Merkmale ziemlich schwierig ist, hat man in der Badegewässerhygiene den Sammelbegriff der coliformen Bakterien eingeführt.

Escherichia coli ist unter Laborbedingungen relativ leicht zu kultivieren. Die genauere Analytik führte bisher zu einem unübersichtlichen Bild verschiedener Stämme mit enorm unterschiedlichen physiologischen und morphologischen Merkmalen. Wegen der vergleichsweise einfachen Handhabbarkeit in der Laborkultur haben sich in der Vergangenheit viele Forschergruppen mit der Molekularbiologie respektive -genetik von *Escherichia coli* beschäftigt – für keinen anderen Organismus wurden bislang mehr Nobelpreise in der Sparte *Physiologie oder Medizin* vergeben.

2

Protisten – von ziemlich klein bis erstaunlich groß

Lange Zeit ging man mit der Verteilung der verschiedenen Typen von Lebewesen auf die jeweiligen Organismenreiche genauso unbekümmert vor wie vor Urzeiten der bedeutende Naturgelehrte Aristoteles (384–322 v. Chr.). Der konnte es allerdings wirklich nicht besser wissen, weil ihm die zu seinen Lebzeiten noch nicht entdeckten Einzeller unbekannt bleiben mussten: Bis weit in das 20. Jahrhundert unterschied man lediglich das Pflanzen- vom Tierreich, ablesbar beispielsweise an den Titeln der seinerzeit etablierten Schul- und Lehrbuchliteratur. Aber schon immer verursachten manche Verwandtschaftsgruppen bei nachdenklichen Biologen ein deutliches Unbehagen, weil sie sich partout nicht eindeutig bzw. widerspruchsfrei zu- oder einordnen ließen. Wo sortiert man beispielsweise die seltsamen Schleimpilze (Myxomyceten) ein, die mal als kleine Flagellaten, dann wieder als Riesenamöben auftreten und zum guten Ende gar pilzähnliche sowie lebhaft gefärbte Fruchtkörper entwickeln? Und wie behandelt man etwa Formenkreise wie die mikroskopisch kleinen Euglena, in denen es grüne und fotosynthetisch aktive (pflanzentypische) ebenso wie farblose, heterotroph lebende (tiertypische) Vertreter gibt? Es kann doch nicht sein, dass die genaue Grenze zwi-

schen Pflanzen- und Tierreich irgendwo in einer Verwandtschaftsgruppe der Einzeller verlaufen soll.

Diese Problematik war natürlich schon kritischen Biologen des späten 19. Jahrhunderts aufgefallen. Der ebenso streitbare wie verdienstvolle Ernst Haeckel (1834–1919)
schlug daher den Begriff *Protisten* als zusammenfassende Bezeichnung für alle einzelligen Organismen vor, unterschied
dabei aber mangels genauerer Erkenntnisse der späteren zell-
biologischen Forschung noch nicht die prokaryotischen von
den eukaryotischen Formen. Kurz zuvor (1861) hatte der
Brite John Hogg (1800–1869) die Bezeichnung *Protoctista*
„für alle niederen Lebensformen, die mehr den Pflanzen ähneln oder eher tierische Merkmale zeigen", eingeführt. Von
Herbert F. Copeland (1902–1968) stammt schließlich der
erstmals 1956 vorgetragene Vorschlag, sämtliche eukaryotischen Einzeller sowie die davon direkt ableitbaren Vielzeller
in einem eigenen Organismenreich *Protoctista* zusammen-
zuführen. Diese bedenkenswerte Anregung fand zunächst
nur wenig Beachtung und wurde erst durch die bahnbre-
chenden Darstellungen der herausragenden Harvard-Biolo-
gin Lynn Margulis (1938–2011) akzeptiert. Heute verwenden die meisten Übersichten zur übergeordneten Biosystematik nach sorgfältiger begrifflicher Bereinigung dennoch
den auf Haeckel zurückgehenden Begriff *Protista*.

Wer überhaupt zu den Protisten gehört, lässt sich bei-
spielhaft an dem Problem festmachen, was eigentlich Algen
sind. Diese vielgestaltige und enorm artenreiche Organis-
mengruppe genauer definieren zu wollen, gleicht in etwa
dem Versuch, einen aufgeblasenen Luftballon zu sezieren.
Eine einfache Festlegung gibt es tatsächlich nicht. Das hängt
damit zusammen, dass die Algen insgesamt doch recht un-

terschiedliche Bauplantypen darstellen, die man nun wirklich nicht allesamt in nur eine einzige Schublade stecken kann. Es ist sogar noch gewöhnungsbedürftiger: Obwohl (fast) alle Algen wie die Gräser und Kräuter des Festlands die Fähigkeit zur Fotosynthese besitzen, gelten sie in der modernen Biosystematik nicht als Pflanzen. Dahinter stehen viele neue molekulare, ultrastrukturelle und zellbiologische Erkenntnisse zur Theorie der Organismen.

Obwohl die meisten Menschen aus der Alltagserfahrung nur Pflanzen (aus dem Pflanzenreich) und Tiere (aus dem Tierreich) unterscheiden, verwenden die Biologen heute mindestens fünf Organismenreiche: Neben den Pflanzen und Tieren weisen sie die seltsamen Pilze einem eigenen Reich zu. Außerdem trennen sie davon alle einzelligen sowie die damit in engem Entwicklungszusammenhang stehenden einfachen Mehrzeller ab. Die vier Organismenreiche Pflanzen, Tiere, Pilze und Protisten bilden zusammen nach einem Vorschlag des verdienstvollen Carl R. Woese die Domäne der Eucarya – es sind dies alle mit Zellkern ausgestatteten Lebewesen.

Vor allem die mit modernsten Methoden betriebene Zellforschung hat unser Bild von den Bauplänen und Besonderheiten der verschiedenen Vertreter der Protisten gewaltig erweitert. Dieses früher eher als Sammelsurium aller möglichen Formgruppen aufgefasste Organismenreich gliedert man seit 2005 in fünf klar abtrennbare Unterreiche.

Schirmchenalge *Acetabularia crenalata* – ein besonders großer
Einzeller

Der Blick auf ein Schema mit den wichtigsten Verwandtschaftsgruppen innerhalb der Protisten zeigt, dass
es einfache, fotosynthetisch aktive (fotoautotrophe) Formen tatsächlich in vier der fünf modernen Gruppierungen
gibt. Diese Formenkreise bilden in ihrer Gesamtheit die
Algen. Sie verkörpern demnach – wenn man alle relevanten
Merkmale der Zellstruktur und des Stoffwechsels zusam-
mennimmt – mindesten vier verschiedene und unabhängig
voneinander entstandene Entwicklungslinien mit erheblichen Unterschieden im Grundbauplan ihrer Zellen. Aus
diesem Grund kann man auch keine einfache, alle Aspekte
berücksichtigende Definition der Algen formulieren.

Seltsamste Gestalten

Wie eine durchschnittliche Pflanze oder ein Tier im Allgemeinen aussehen, gehört zum normalen Erfahrungsgut.
Aber das ist längst noch nicht alles. Vor allem in den aquatischen Lebensräumen finden sich im Bereich der kleinen bis
sehr kleinen Größenordnungen ein-, wenig- und mehrzel-
lige Lebewesen von derartig seltsamen Bauplänen, die sich
selbst ein Mensch mit betont reger Fantasie so nicht vorstellen kann.

Im Sommer des Jahres 1854 zog der junge Berliner Naturforscher Ernst Haeckel (1834–1919) bei Helgoland, damals noch britisch, eine Art Mehlsieb aus besonders feinma-
schigem Gewebe hinter einem Ruderboot durch das Nord-
seewasser. Als er seinen Fang im Labor in Ruhe im Mikroskop betrachtete, kam er aus dem Staunen nicht mehr
heraus: Ein unglaubliches Gewimmel kleiner und kleinster
Lebewesen zappelte und zuckte durch das Gesichtsfeld – bizarre Minimonster mit großen Augen und langen Borsten,
die so niemand zuvor je im Meerwasser gesehen hatte. Ganz
offensichtlich lebt in diesem Ambiente ein höchst erstaunlicher Zoo winzigster Lebewesen, die man mit bloßem Auge nicht oder kaum wahrnehmen kann. Haeckel war total
begeistert und teilte seiner Verlobten in Berlin die sensa-
tionelle Entdeckung der organismischen Kleinwelten in der
Nordsee gleich in mehreren, fast täglich expedierten Briefen
mit. Seine auch aus heutiger Sicht absolut nachvollziehba-
re Begeisterung war durchaus von Dauer: Fortan widmete
er sich viele Jahre seines Lebens der genaueren Erforschung
dieser kleinen Meereswesen und bildete etliche davon in seinem berühmten Sammelwerk *Kunstformen der Natur* (1904

erschienen) ab. Bis heute haben diese Organismen absolut nichts von ihrer besonderen Faszination eingebüßt. Für die von Haeckel entdeckten und im freien Meerwasser schwebenden Kleinstlebewesen führte der Kieler Meeresbiologe Victor Hensen (1835–1924) im Jahre 1887 die Bezeichnung Plankton (das „Umhergetriebene") ein.

So stellt man sich Protisten eher nicht vor: angeschwemmte Riesenalgen (*Durvillea antarctica*) in Neuseeland

Die Braunalge *Alaria esculenta* aus dem Nordostpazifik – Lithografie aus dem Monumentalwerk von Postels und Ruprecht (1840)

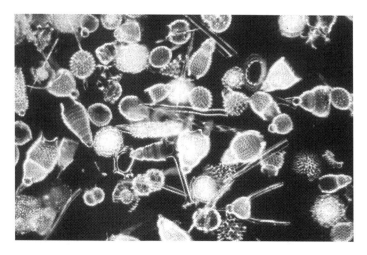

Zellskelette von Radiolarien aus subfossilem Meeresboden-
schlamm

Caulerpa – im Mittelmeer als Killeralge verschrien, aber dennoch
ziemlich formschön

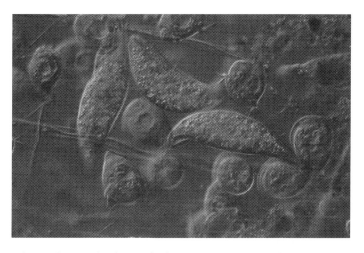

Wimpertier *Carchesium polypinum*

Eigentlich könnte man jeder beispielsweise in der Nordsee oder sonstwo verbreiteten Planktonart in diesem Kapitel
eine eigene Eintragung widmen – verdient hätten sie es wegen ihres spezifischen Formenzaubers und der gänzlichen
Andersartigkeit gegenüber den Organismen des üblichen
täglichen Erfahrungsraums allemal. Auch hätte etwa der bedeutende niederländische Maler Hieronymus Bosch (1450–
1516) an diesen zumeist höchst skurrilen Wesen seine helle
Freude gehabt, denn sie übersteigen die seltsame und ge-
wöhnungsbedürftige Formgebung der für sein Oeuvre er-
fundenen Gestalten um ein Vielfaches. Leider blieb ihm
diese grandiose Welt gänzlich verschlossen, denn das Mikroskop, das ihm den Blick in diese geradezu unglaublichen
Kleinwelten erlaubt hätte, war zu seinen Lebzeiten bedauerlicherweise noch nicht erfunden.

Minimalist unter den Protisten:
Die kleinste Alge

Mikroben oder Kleinstlebewesen nennt man zutreffend die
kleinsten Organismen, die man mit dem bloßen Auge gar
nicht und selbst in einem leistungsfähigen Lichtmikroskop
oft nur mit Mühe als kleine wimmelnde Pünktchen erkennen kann. Diese Größenklasse besetzen innerhalb der
Lebewesen vor allem die Bakterien, die kleinsten Organismen überhaupt. Aber es gibt auch sehr kleine Eukaryoten:
Im Januar 1981 entdeckte man in einem total veralgten
Meerwasseraquarium des Botanischen Instituts der Universität Mainz eine winzige Grünalge, die nur bakteriengroß ist
und meist wenig über 1 μm Zelldurchmesser aufweist. Vermutlich wurde sie mit eingesetzten Meeresorganismen aus
der Adria eingeschleppt. Nach eingehender Untersuchung
haben Mainzer Biologen sie genauer beschrieben und –
sprachlich leider reichlich verunglückt – mit dem wissenschaftlichen Namen *Nanochlorum eucaryotum* versehen.
Nanochlorum-Zellen sind hinsichtlich ihrer Abmessungen zwar zugegebenermaßen Minimalisten, besitzen aber
außer einem funktionstüchtigen Zellkern alles, was zur
Normalausstattung einer modernen Zelle gehört. Dennoch
bewegen sie sich mit ihrer geringen Abmessung an der untersten Grenze dessen, was eine komplette, kernführende
Zelle überhaupt leisten kann.

Unterdessen ist eine ganze Anzahl weiterer Kleinstalgen
mit Zellkern bekannt geworden, darunter *Picochlorum okla-
homensis*, *Marvania geminata* oder *Nannochlorus atomus*.
Wegen ihrer geringen Größe schlüpfen sie selbst durch die

Maschen der feinsten Planktonnetze und sind deswegen nur mit besonderen Sammelmethoden zu fassen. Sie alle besetzen die für das Leben im Meer und in den Binnengewässern so wichtige Nahrungsquelle, nämlich das allein aus technischen Gründen lange verkannte Pikoplankton, dem man eine Obergrenze von höchstens 2 µm Zelldurchmesser zubilligt – das ist mindestens 10-mal kleiner als das übliche Netzplankton wie beispielsweise aus dem Chiemsee oder der Nordsee.

Der kleinste Flagellat

Im Bereich der sehr kleinen und gewiss erst zu einem geringen Anteil genauer erforschten Lebewesen sind überraschende Entdeckungen fast an der Tagesordnung. Das betrifft auch einen aus dem Nordseeoberflächenwasser bei Helgoland isolierten Einzeller, der 2013 per Erstbeschreibung die Benennung *Picomonas judraskeda* erhielt und nach Ausweis molekularer Daten (insbesondere seiner 18S-r-RNA) tatsächlich einen völlig neuen Zweig am Stammbaum der Lebewesen besetzt. Konsequenterweise hat die Kölner Forschergruppe vom Botanischen Institut (heute Department of Biology) dafür auch gleich einen neuen Stamm der *Picozoa* innerhalb der Protisten eingerichtet.

Picomonas sollte ein Vertreter des (marinen) Pikoplanktons sein – einer Ansammlung von eukaryotischen Kleinstorganismen, die man im gewöhnlichen Lichtmikroskop nur bei besonderer Beleuchtungstechnik bestenfalls als huschende Lichtpünktchen wahrnehmen kann. Pikoplankton weist nach internationaler Festlegung generell einen Zelldurch-

messer von 0,2–2 m auf. Mit dieser Abmessung passiert
es alle noch so fein gewobenen Planktonnetze und ist nur
durch spezielle Anreicherungsverfahren zu erhaschen. Die
neu beschriebene Spezies *Picomonas judraskeda* ist zwar
winzig, aber immerhin etwa 2,5–3,8 × 2–2,5 µm groß und
damit eher ein Vertreter der nächsten Größenklasse innerhalb des Planktons, nämlich des Nanoplanktons. In dieser
Gruppierung finden sich alle Arten zwischen 2 und 20 µm
Zelldurchmesser. Nur wenn man die Grenzen der Größen-
klassen bei 4 µm zieht (wie im Fachschrifttum gelegentlich
praktiziert), passt der Name wieder zur Planktonfraktion.
Picomonas ernährt sich heterotroph, allerdings nicht von
Bakterien, sondern von etwa 150 nm großen organischen
Partikeln, die im Meerwasser überall präsent sind. Vermut-
lich ist der zweigeißlige Winzling *Picomonas* nicht auf das
Meeresgebiet rund um Helgoland beschränkt. Ein exaktes
Verbreitungsbild liegt aber noch nicht vor und wird wohl
angesichts der Schwierigkeiten der exakten Nachweistech-
nik noch eine Weile auf sich warten lassen.

Recht winzig, umwerfend hübsch und äußerst zahlreich

Das marine Plankton umfasst etliche Tausende von Arten.
Viele kommen nur regional bzw. saisonal vor. Eine Art
unter diesen Winzlingen verdient indessen eine besondere Erwähnung: *Emiliania huxleyi* ist nicht nur geradezu
überwältigend formschön und damit sozusagen eines der
erwähnenswerten Starmannequins schlechthin unter den

marinen Einzellern, sondern auch eine der weltweit häufigs-
ten Plankton(mikro)algen überhaupt. Ihre Zellen messen
nur etwa 5 µm Durchmesser (etwas kleiner als unsere roten Blutkörperchen) und gehören damit der Fraktion des
Nanoplanktons an, in dem man Organismen mit Durch-
messern von etwa 2–20 µm versammelt. Etwa 200 dieser
Zellen müsste man hintereinander aufreihen, um auf die
Länge von 1 mm zu kommen. Im gewöhnlichen Lichtmikroskop ist von diesem Wesen nicht viel zu erkennen,
aber das Rasterelektronenmikroskop präsentiert eine überaus ansprechende und bemerkenswert ästhetische sowie
komplexe Miniaturarchitektur, die man in dieser Größenordnung möglicherweise zunächst gar nicht vermutet. Hier
könnten sogar zeitgenössische Stararchitekten wie Renzo
Piano (*1937) oder Peter Zumthor (*1943) eventuell in-
spirierende Anleihen nehmen. Warum die Natur in dieser
Dimension einen so erheblichen Gestaltungsaufwand und
Formenzauber treibt, ist eines der bisher gänzlich unver-
standenen Wunder. Es gibt nirgendwo unter den Lebewesen
Augen, die solche Formen tatsächlich wahrnehmen könnten.

Emiliania gehört zur Algenklasse *Haptophyceae* (*Prym-
nesiophyceae*, nach neuestem Vorschlag zur eigenständigen
Algenklasse *Coccolithophyceae*) und innerhalb dieser Verwandtschaftsgruppe zur Ordnung *Coccolithophorida*. Diese
seltsamen Einzeller entwickeln keine zusammenhängen-
de und meist schmucklose Zellwand, sondern bedecken
sich mit einem runden Dutzend kleiner, etwa 1 µm großer
Kalkschuppen (Coccolithen). Diese sind bei *Emiliania* außerordentlich formschön. Die Coccolithen abgestorbener
Zellen sammeln sich in Unmengen am Meeresboden an

und bilden dort mächtige, viele Meter dicke Bodenschlämme. Das war offenbar auch schon vor etlichen Jahrmillionen der Fall, denn aus solchen Ablagerungen gingen unter anderem viele kreidezeitliche Kalkgesteine hervor, beispielsweise die Kreidefelsen an den Küsten des Ärmelkanals oder der Rügener Schreibkreide im Nationalpark Jasmund.

Emiliania huxleyi kommt weltweit vor – von den Polarregionen bis zum Äquator. Obwohl die Zellen winzig sind, kann man sie regelmäßig vom Weltraum aus sehen: Diese Kalkalge entwickelt sich im Oberflächenwasser der Weltmeere oft massenhaft und bildet „Planktonblüten" von über 100.000 km^2 Ausdehnung. Die kalkweißen Coccolithen reflektieren das Sonnenlicht und lassen die betreffenden Meeresregionen daher aus Satellitenperspektive hell aufleuchten. Neben weiteren Vertretern der Coccolithophoriden ist *Emiliania* als hochwirksame Komponente der biologischen CO_2-Senken eine der Schlüsselspezies in der marinen Bioproduktion von Kalziumkarbonat

($CaCO_3$). Rund 30 % der im Meer ablaufenden $CaCO_3$-Bildung geht allein auf ihren Stoffwechsel zurück.

In der 1967 vorgenommenen wissenschaftlichen Umbenennung dieser Spezies leben zwei bedeutende Forscherpersönlichkeiten fort: Der Gattungsname *Emiliania* ehrt den italienischen Mikropaläontologen Cesare Emiliani (1922–1995), der insbesondere für die neuere Eiszeitforschung entscheidende Beiträge lieferte. Der Artnamenzusatz *huxleyi* zitiert den bedeutenden britischen Naturforscher Thomas Henry Huxley (1825–1895), der sich sehr für die Verbreitung der damals neuen darwinschen Lehre der Evolution der Organismen einsetzte.

Die größten einzelligen Algen

Zu Recht stellt man sich unter einem Einzeller ein besonders kleines und nur im Mikroskop erkennbares Lebewesen vor. Aber so wie es etwa bei den Reptilien zumindest in erdgeschichtlicher Vergangenheit Giganten in Gestalt der Riesendinosaurier gleichzeitig neben Zwergformen gab, die locker in eine heutige Streichholzschachtel gepasst hätten, finden sich auch bei den Einzellern einige Verwandtschaften von wahrhaft ungewöhnlichen Zellabmessungen.

Unter den einzelligen Algen entwickeln die besonders hübschen Schirmchenalgen der Gattung *Acetabularia* ungewöhnliche und bis etwa fingerlange Riesenzellen. Dieser Formenkreis ist in den warmen Meeren weltweit und innerhalb der europäischen Meeresküsten nur im Mittelmeer vertreten.

Eine *Acetabularia*-Zelle sieht ungefähr so aus wie ein gänzlich grasgrünes Gänseblümchen und wird auch in etwa genau so groß. Bei *Acetabularia magna* misst der Stielabschnitt der Zelle sogar bis zu 20 cm Länge. Weil sie als Einzelzellen besonders groß und deswegen experimentell relativ einfach zu handhaben sind, waren *Acetabularia*-Zellen lange Zeit ein beliebtes Forschungsobjekt. Berühmt und bis heute in allen kompetenten Lehrbüchern nachlesbar sind die Arbeiten des Berliner Zellbiologen Joachim Hämmerling (1901–1980). Später haben sogar mehrere Arbeitsgruppen von Max-Planck-Instituten an *Acetabularia* geforscht und bemerkenswerte Details zur Steuerung der Gestaltbildung beigetragen.

Noch deutlich größere Einzeller stellen die verschiedenen Arten der tropisch verbreiteten Grünalgengattung *Caulerpa* dar. Allerdings enthalten diese bis über 1 m langen Riesenzellen immer mehrere bis sehr viele Zellkerne – sie sind also nach der üblichen Festlegung polyenergide Systeme. Zumindest eine *Caulerpa*-Art (*Caulerpa taxifolia*) kommt heute auch im Mittelmeer vor – sie gelangte erst vor wenigen Jahren bedauerlicherweise durch Unachtsamkeit aus dem Meeresaquarium von Monte Carlo in das offene Mittelmeer und verursacht hier seither durch Überwucherung der etablierten Seegraswiesen als „Killeralge" enorme ökologische Probleme.

Fast wie schwimmende Untertassen

Die Foraminiferen oder Kammerlinge sind eine besondere Klasse von Einzellern, die man konventionell als Protozoen bezeichnet. Sie sind nur im Meer verbreitet. Als Mikrofossilien kennt man sie bereits aus den kambrischen Schichtgesteinen des Erdaltertums. Ihr besonderes Kennzeichen ist das meist vielkammerige Gehäuse aus organischem Material, aus verkitteten Sandkörnern oder auch aus Kalk. Bei den meisten Kalkschalern sind die Gehäusewände der einzelnen Kammern von feinen Poren durchbrochen – eine Besonderheit, die der gesamten Verwandtschaftsgruppe den Namen eingetragen hat. Im Erdaltertum waren unter anderem die Fusuliniden bemerkenswert häufig. Aus dem frühen Tertiär sind dagegen die Nummulitenkalke bekannt. Aus solchen „Münzsteinen" bestehen unter anderem viele Gesteinsblöcke der Pyramiden bei Gizeh. Unter den heute noch lebenden Arten sind *Gypsina plana* und *Cycloclypeus carpenteri* mit bis zu 13 cm Durchmesser etwa so groß wie eine konventionelle Untertasse. Die Gehäuse von *Neusina agassizi* aus dem Indischen Ozean erreichen gelegentlich sogar etwa 20 cm Durchmesser und sind damit die Rekordhalter schlechthin.

Driftende Giftzwerge: Manche Mikroalgen sind ziemlich toxisch

Den indigenen Indianerstämmen an der kanadischen Pazifikküste war schon vor Jahrhunderten bekannt, dass die in ihrem Siedlungsgebiet vorkommende und kulinarisch geschätzte Buttermuschel (*Saxidomus giganteus*) zu bestimmten Jahreszeiten einfach nicht zu genießen ist, weil sie dann erfahrungsgemäß fast immer zu schweren Vergiftungen mit oft tödlichen Lähmungen führt. Die genauere Untersuchung dieses Phänomens ergab folgendes Bild: Schon im Jahre 1957 isolierte man aus diesen sonst gerne konsumierten Muscheln einen Saxitoxin genannten Giftstoff, der zu den wirksamsten natürlichen Giften überhaupt gehört. Seine für den Menschen tödliche Dosis liegt bei etwa 12 µg/kg Körpergewicht oder rund 1 mg. Nur wenig später stellte sich heraus, dass dieses Gift gar nicht von den delikaten Muscheln selbst produziert wird, sondern offenbar aus eingestrudelten einzelligen Mikroalgen stammt und daher nur über die Nahrungskette in die Muscheln gelangt. Die verursachenden und dieses fatale Gift produzierenden Mikroalgen gehören zu den Gattungen *Alexandrium, Gonyaulax* bzw. *Protogonyaulax* aus der ohnehin seltsamen Klasse der Panzergeißler (Dinoflagellaten). Daher bezeichnet man diese hochgiftige Verbindungsgruppe heute auch nicht mehr als Saxitoxine, sondern eher als Gonyautoxine. Vermutlich sind die Mikroalgen nicht die eigentlichen Giftmischer, sondern noch winzigere Bakterien, die häufig in deren Zellen leben. Exaktere Details sind aber noch nicht bekannt.

Die tückischen Gonyautoxine stören bei höheren Säugetieren (einschließlich Mensch) den normalen Nervenbetrieb und führen daher zu Lähmungen. Im klinischen Bereich spricht man daher von PSP („paralytic shellfish poisoning", Muschelvergiftung mit Lähmung). Das Vergiftungsbild beginnt mit Taubheitsgefühlen in den Lippen und den Extremitäten und endet in schweren Fällen mit dem Tod durch Atemlähmung. PSP tritt auch in Europa auf und betrifft besonders die Miesmuschel und andere Speisemuscheln. Eine

alte und beherzigenswerte Erfahrungsregel sagt, dass man
Muscheln nur in den Monaten mit einem „r" (September
bis April) genießen sollte, während vom Spätfrühjahr bis
Spätsommer giftige Planktonalgen im Meerwasser enthalten sein können. Dann wäre eventuell auch mit giftigen
Muscheln zu rechnen. In den Küstengebieten der Europäischen Union wird das Auftreten giftverdächtiger Planktonalgen routinemäßig überwacht.

Die Schönsten unter den Schönen: Zellen im Glashaus

Man findet sie in Gewässern jeglicher Flächengröße zwischen Regenpfütze und Ozean. Sie leben in der Pflanzerde
von Blumentöpfen, unter den Schwimmblättern von Seerosen, auf den Ruderarmen von Wasserflöhen und auf der
Haut von Buckelwalen. Goldglänzend überziehen sie den
Schlick des trocken fallenden Watts, besiedeln die Körper-
gewebe mancher Strudelwürmer und hängen wolkenweise
in den riesigen Freiwasserräumen der Weltmeere herum. Sie
sind in Zündholzköpfen enthalten, in Schleif- und Polier-
mitteln, in der Wärmeisolierung von Heizungsleitungen, in
Filtermassen der Getränkeindustrie, in den Feuersteinknol-
len der Rügener Schreibkreide und verringern, wie Alfred
Nobel 1867 herausfand, die beträchtliche Stoßempfindlich-
keit des Sprengstoffs Nitroglycerin zum etwas handlicheren
Dynamit: Kieselalgen sind seit Jahrmillionen eine der er-
folgreichsten und heute auch technisch sehr vielseitig ge-
nutzten Organismengruppen. Dabei sind sie auch biolo-

gisch äußerst bedeutsam. Sie helfen bei der Gewässergü-
teanalyse und fast jedes fünfte Sauerstoffmolekül, das wir
veratmen, stammt aus der Fotosynthese der Kieselalgen. Zudem sind sie nach mehrheitlichem Urteil der Mikroskopiker hinreißend schön: Die Kieselalgen (Diatomeen) gehören zweifellos zu den Starmannequins unter den Protisten.

Kieselalgen im Dunkelfeld

Seit über 100 Jahren arbeiten die Meeresbiologen und
Limnologen mit dem Begriff *Plankton* und bezeichnen damit die unglaublich feinmaßstäblich aufgebauten Kleinstlebewesen im Treibgut der Ozeane und Binnengewässer, die
das Auge höchstens als zuckende Lichtpünktchen in einer
Wasserprobe wahrnimmt oder in der Summe als Wassertrü-
bung registriert.

Einzelligkeit als Basis aller komplexeren („höheren")
Organisationsstufen schließt Variantenreichtum und Ty-
penvielfalt indessen nicht aus. Das überzeugendste Beispiel
sind die Diatomeen oder Kieselalgen, in der modernen biologischen Systematik unter der Klassenbezeichnung *Bacil-
lariophyceae* geführt. Als Klassenkennzeichen vermerkt das
sachlich-distanzierte Lehrbuch eine zweiteilige Zellwand
aus Kieselsäure und bräunlich-gelb gefärbten Chromato-
phoren (den Chloroplasten höherer Pflanzen vergleichbar)
in Platten-, Lappen- oder Linsengestalt. Aber: Das Lichtmikroskop offenbart sofort, welch ungeheuren Formenzauber
der Lehrbuchtext einfach verschweigt. Dem erlag schon vor
über hundert Jahren Ernst Haeckel. Sein Lehrer, der aus
dem Rheinland stammende Berliner Physiologe Johannes
Müller (1801–1858), hatte ihn anlässlich einer gemein-

samen Exkursion nach Helgoland für die schwebenden Kleinstorganismen des Meerwassers begeistert. „Die Natur", schrieb Haeckel später im Jahre 1899, „erzeugt in ihrem Schoße eine unerschöpfliche Fülle von wunderbaren Gestalten, durch deren Schönheit und Mannigfaltigkeit alle vom Menschen geschaffenen Kunstformen weitaus übertroffen werden". Er hat damit unter anderem auch die Kieselalgen gemeint, von deren extravagantem Gestaltungsreichtum sich sogar Jugendstilkünstler anregen ließen. Ähnlich hinreißende Schilderungen gab er in zahlreichen Briefen, die er von Helgoland nach Berlin an seine Verlobte schickte. Rund 10.000 verschiedene Kieselalgenarten und ein Mehrfaches davon an umweltbedingten Formtypen sind bislang beschrieben worden – jede für sich ein Unikat an gestalterischer Bewältigung eines im Grunde genommen recht überschaubaren Konstruktionsprinzips: Die zweiteilige Kieselalgenschale kann man sich vereinfacht als miniaturisierte Petrischale oder Käseschachtel vorstellen – ein Deckel (Epitheka) greift über einen Bodenteil (Hypotheka) und umschließt damit einen geometrisch klar festgelegten, größenbeschränkten Binnenraum. Der lebende Zellinhalt mit Zytoplasma, Zellkern und weiteren Zellbestandteilen befindet sich somit exakt dort, wo in der Petrischale der Nährboden oder in der Käseschachtel der Camembert sitzt. *Schachtellinge* hat Ernst Haeckel die Diatomeen genannt und damit ihren Bauplan zutreffend umschrieben, während die heutige Bezeichnung *Kieselalgen* eher werkstoffkundlich ausgerichtet ist: Die beiden Schalenhälften bestehen tatsächlich aus klarem Silikat und damit praktisch aus biologisch gefertigtem Glas.

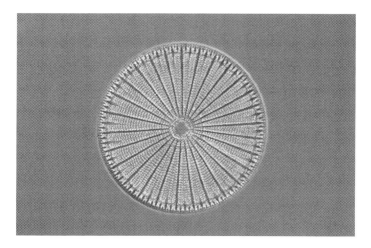

Eine der Schönsten überhaupt – die marine Art *Arachnodiscus ehrenbergii*

Deckel und Boden der Kieselschale halten bei einer lebenden Algenzelle fest zusammen und lösen sich erst nach deren Individualtod voneinander. Ein planmäßiges, kontrolliertes Anlupfen und Trennen der beiden Schalenhälften erfolgt nur im Ablauf der Zellteilung. Jede Tochterzelle erhält eine Theka und ergänzt dazu durch Neusynthese jeweils den Bodenteil. Während in der Hälfte der Tochterzellreihen die Ausgangsgröße der Mutterzelle beibehalten wird, führt die Art der Schalenergänzung bei der anderen zu einer fortschreitenden Verkleinerung der Zellabmessung. Erreicht die Kieselalge dabei irgendwann eine bestimmte Minimalabmessung, schlüpft das lebende Zellplasma aus dem zu eng gewordenen Glaskasten, bildet Deckel wie Boden gänzlich neu und bringt die Schalendimension wieder auf arttypische Durchschnittswerte zurück – ein bewundernswerter, in vielen Einzelheiten noch unverstandener Ablauf, bei dem die lebende Zelle gleichsam ein Bild von sich selbst entwirft und in feste Formen bringt.

Bei aller Formverschiedenheit lässt sich die Gestalt der Kieselalgen auf wenige Grundformen zurückführen. Neben den flachen Rundlingen vom Zuschnitt der Petrischale gibt es auch sehr langgestreckte, die aussehen wie die Hülse vom Fieberthermometer, neben anderen, die an Geigenkästen, Turnschuhe, modische Damenhandtaschen, Pralinenschachteln, Sofakissen oder Ruderboote erinnern. Von oben oder von der Seite betrachtet sehen die Schalenformen meist völlig verschieden aus. Annähernd kreisrunde Diatomeen vom Zuschnitt der Petrischale bilden einen zusammenhängenden Verwandtschaftskreis und sind im Meer mit größerem Artenreichtum vertreten als im Süßwasser, wo die zweiseitig symmetrischen Formen überwiegen. Daneben gibt es aber auch unregelmäßige Schalentypen oder solche, die elegant S-förmig oder wie das mathematische Integral-Zeichen geschwungen sind. Schon allein die Projektionsbilder der Kieselschalen zeigen einen Variantenreichtum, der mit sprachlichen Mitteln nicht annähernd wiederzugeben ist.

Erst recht versagt das Begriffsrepertoire angesichts des Feinbaus der Schalenhälften. Auch bei einer so übersichtlich erscheinenden Formgebung wie bei den Kieselalgen der in der Nordsee vorkommenden Gattung *Coscinodiscus*, die dem Petrischalenmodell zumindest dem Konturverlauf nach recht nahekommen, sind Deckel und Boden nicht einfach glattwandige Schaufenster, durch die der Blick ungehindert ins Zellinnere vordringt. Vielmehr trägt jede Schale ein unendlich feines und artspezifisch festgelegtes Muster aus Löchern und Poren – sie ist sozusagen Fensterscheibe und Gardine zugleich. Diatomeen (vom Griechischen *diatoma*, die Durchbrochene) nennt man die Kieselalgen daher auch durchaus zutreffend. Nur ein ganz hervorragendes Mikroskop kann diese filigrane Architektur der Diatomeenzellwand sichtbar machen.

Solange das feine Glasgehäuse von lebendem Zellinhalt erfüllt ist, sind die Einzelheiten wegen der gleichförmigen optischen Dichte des Zellplasmas kaum zu erkennen. Erst an der leeren und mit aggressiver Schwefelsäure nachgereinigten Kieselschale kann man mit kontrastverstärkenden Beobachtungsverfahren einen Eindruck vom feinmaßstäblichen Design gewinnen. Nicht umsonst verwenden die Mikroskopiker schon seit Langem Diatomeenschalen bestimmter Arten, um das Auflösungsvermögen von Objektiven zu testen. Um ein halbwegs zutreffendes Bild von der Schalenstruktur beispielsweise einer *Berkeleya* zu gewinnen, muss das verwendete Lichtmikroskop mindestens 38.000 Linien/cm voneinander trennen können. An den Schalen von *Pleurosigma angulatum*, die massenhaft in Salzquellen des Binnenlandes vorkommt, scheitern sogar hochkorrigierte Linsensysteme. Ein klares Indiz vom Strukturreichtum der Schale im Bereich der optischen Auflösungsgrenzen liefert aber auch schon allein die Beobachtung (vgl. Bildbeispiele), dass die glashelle Kieselalgenzellwand im Durchlicht oder bei schräg auftreffender Seitenbeleuchtung eigenartige Farbspiele entfacht, entweder monochromatisch in reinem spektralen Blau bzw. Rot oder auch bunt wie ein Bogensegment vom Regenbogen. Die zahlreichen Kanten und Stege, Lochreihen und Spangen, Verstrebungen und Vorsprünge wirken wie Mikroprismen, die das auftreffende

Licht in seine verschiedenen Wellenzüge zerlegen. Bei Beobachtung im Phasen- oder Interferenzkontrast lassen sich
solche Brechungsvorgänge im Mikrobereich verstärken und
für die bildliche Dokumentation ausnutzen. Die Sehwinkel, die das Lichtmikroskop zulässt, genügen aber vielfach
überhaupt nicht, um die gesamte Fülle verborgener Struk-
turdetails auch nur annähernd wiederzugeben. Es ist fast so,
als wolle man vom Montmartre aus mit bloßen Augen das
gotische Maßwerk in den Fenstern von Notre Dame detail-
liert beschreiben. Eine Objektnähe, welche die technischen
Grenzen der Lichtmikroskopie deutlich unterschreitet, ist
zur Erkundung erheblich geeigneter.

Fragiler Formenzauber: Legepräparat aus Diatomeenschalen

Das Rasterelektronenmikroskop ist zweifellos eine sehr
taugliche Sonde, um den regelmäßigen Feinbau einer
Diatomeenschale detailgetreu auszuloten und in unseren

Erfahrungsbereich emporzuheben. Mit dem tastenden Elektronenstrahl lässt sich gleichsam jeder kleine Winkel, jeder Profilrand einer Schale auch räumlich erfassen. Das Rasterbild gibt die glasklare Silikatschale einer Kieselalge zwar nur als elektronenstreuende und daher matt erscheinende Oberfläche wieder, versetzt die Grenzen unserer Erfahrungswelt jedoch weit in den Bereich der ganz kleinen Dimensionen und lässt zudem die Räumlichkeit der Schalenstruktur erleben. Es ist schon beeindruckend zu sehen, dass die Deckel und Böden der Diatomeenschalen ihrerseits aus einem komplexen Gefüge kleinerer und größerer Kammern bestehen können und somit eine komplexe Kathedralarchitektur im Kleinstmaßstäblichen verkörpern. Darin finden sich räumliche Lösungen, die die menschliche Baukunst bislang nicht oder nur in Ansätzen aufgegriffen hat und die uns deswegen als ultramoderne Ornamentik erscheinen müssen, obwohl die zugrundeliegenden Baupläne mitunter schon seit etlichen Jahrmillionen verwendet werden. Selbst wenn das Rasterbild eine Diatomeenschale als kompaktes und scheinbar sehr tragfähiges Konstruktionsgefüge darstellt, sind die Schalen tatsächlich recht zerbrechlich. Als reine Silikatgebilde können sie allerdings nicht chemisch verwittern, sodass sie selbst über längere geologische Epochen hinweg formbeständig bleiben. Die leeren Schalen abgestorbener Kieselalgen sammeln sich auf dem Grund von Binnengewässern oder auch am Meeresboden an und bilden dort regelrechte Lagerstätten. Viele Meter mächtige Ansammlungen von Diatomeenschalen vergangener Jahrmillionen baute man für technische Zwecke als Diatomeenerde oder Kieselgur in Tagebauen ab – beispielsweise in der Lüneburger Heide. Gegebenenfalls können sich die angehäuften Schalen sogar zu Kompaktgestein verfestigen: Als Diatomite treten sie beispielsweise in einigen Schichtgesteinen der Zentralalpen auf. Tertiärzeitliche Diatomeen aus fossilen Lagerstätten überraschen mit der gleichen Vielfalt an Stilmitteln wie Proben aus dem Bodenschlamm eines heutigen Gewässers. Oft ist sogar eine exakte Gattungs- und sogar Artdiagnose möglich. Und weil sie nicht vergehen, findet man sie gelegentlich auch als tierisches Baumaterial wieder, beispielsweise in den Gehäusen schalenbauender Amöben.

Die gewaltige Vergrößerung mikroskopischer Bilder täuscht: Diatomeenschalen sind in Wirklichkeit staubfeine und extrem leichtgewichtige Konstruktionen – meist irgendwo in der Spanne zwischen 0,02 und 0,1 mm Durchmesser angesiedelt. Sie sind übrigens auch in der Partikelfracht der Atmosphäre enthalten und werden mit Luftströmungen verdriftet. Auf dieser Route finden sie erwartungsgemäß auch den Weg über die Bronchien in die Lungen luftatmender Landtiere und gelangen von dort über den Blutstrom in alle möglichen Körperorgane. Entsprechende Untersuchungen an Autopsiematerial brachten den sicheren Nachweis, dass jeder von uns ein paar tausend gestrandete Diatomeenschalen mit sich herumträgt. Wegen der gattungs- und vielfach sogar artspezifischen Merkmale im Schalenfeinbau lassen sich aus den Schalendepots in Körperorganen eventuell sogar ein paar entscheidende Phasen aus der Biografie der betreffenden Person rekonstruieren – ob sie an einem küstennahen Ort lebte oder in einer Region, die eher mit stehenden Kleingewässern durchsetzt ist. Selbst für die Gerichtsmedizin bieten die formschönen Kiesellagen somit verwertbares Befundmaterial.

Die konstruktive Schönheit feinster Details der Diatomeen, wie sie etwa die Interferenzkontrastmikroskopie oder
gar das Rasterelektronenmikroskop zeigen, hätte auch einen
ausgewiesenen Ästheten wie Ernst Haeckel definitiv vom
Hocker gerissen.

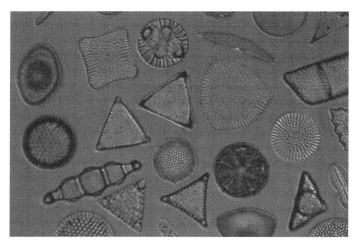

Die typologische Vielfalt der Kieselalgen ist beeindruckend (Legepräparat)

Der britische Präparator Klaus D. Kemp beherrscht als
einer der wenigen die akribische Kleinkunst, die an sich
schon hübschen Kieselschalen gleich dutzendweise zu noch
eindrucksvolleren Bildern zusammenzusetzen. Wo immer
der Blick auf den Strukturreichtum einer Kieselalgenschale
geht, stellt sich verständlicherweise auch die Frage, warum
die Natur in diesem Bereich der sehr kleinen Dimensionen einen so ungeheuren Gestaltungsaufwand treibt. Mate-
rialökonomischer Umgang mit dem Baumaterial Silikat bei

größtmöglicher Statik ist wohl nur die eine Facette solcher Musterbildungen. Die Entstehung von ästhetisch so hinreißender Ordnung ist wohl weniger vordergründig erklärbar.

Die kleinste und seltenste Braunalge

Bei den meisten der heute unterschiedenen zahlreichen Algenklassen gibt es ausschließlich Einzeller oder daraus locker zusammengesetzte Kolonien. Nur bei den typenreichen Grünalgen sowie bei den Rotalgen finden sich neben einzelligen Formen auch mehr- bis vielzellige Arten. Bei den Braunalgen fehlen dagegen einzellige Vertreter. Ihre einfachsten Formen sind un- oder nur wenig verzweigte, mitunter nur aus wenigen Zellen bestehende Zellfäden.

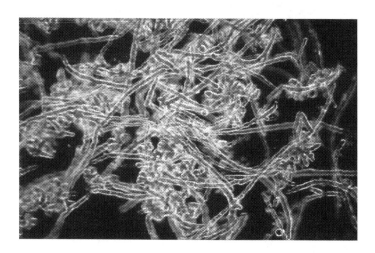

Einer dieser seltsamen und sicherlich hervorhebenswerten Vertreter ist die eigenartige *Bodanella lauterborni*, ein mikroskopisch kleines Gebilde mit wenigen, meist elliptischen Zellen. Nach bisherigem Kenntnisstand kommt die Art nur im westlichen Bodensee vor, und zwar im Tiefenbereich zwischen 8 und 40 m. Beschrieben wurde sie 1927. Benannt hat man sie einerseits nach dem Bodan-Rücken, der den Überlinger See vom Untersee trennt und an seiner Spitze die Stadt Konstanz trägt. Der zweite Namensbestandteil erinnert an den zunächst in Heidelberg und später in Freiburg tätigen Hydrobiologe Robert Lauterborn (1869–1952), der erstmals eine systematische Erfassung der gesamten Pflanzen- und Tierwelt des Rheins und ihrer Lebensräume von der Quelle bis zur Mündung unternahm. Er krönte seine umfangreiche Lebensarbeit mit einem mehrbändigen, 1916–1919 erschienenen und bis heute lesenswerten Grundlagenwerk zur Naturgeschichte des Rheins.

Neuere molekulargenetische Vergleichsuntersuchungen ergaben, dass *Bodanella* nicht – wie zuvor vermutet – zu einer Ordnung mit den einfachsten Vertretern der Braunalgen gehört (*Ectocarpales*), sondern einen eigenständigen, aber bislang noch nicht näher bezeichneten Zweig besetzt.

Algendämmerung:
Die tiefsten Meeresalgen

Das Meer ist mit seiner gewaltigen Tiefenausdehnung nicht nur ein besonders großer, sondern – was die übliche Wohnzimmerperspektive gewöhnlich übersieht – auch weithin stockfinsterer Lebensraum. Im trüben Wasser der Nordsee geht selbst an hellen Sommertagen schon in etwa 10 m Wassertiefe das Licht aus. Nur in tropischen Klarwassergebieten kann das Sonnenlicht bis zu 200 m tief eindringen. An der Dämmerungsgrenze zum Reich der ewigen Finsternis reicht es aber dennoch nicht mehr aus, um selbst die fetteste Schlagzeile einer Boulevardzeitung zu erkennen. Manche Algen sind jedoch wesentlich lichtempfindlicher als unsere Augen – sie können tatsächlich mit unglaublich wenig Restlicht immer noch fotosynthetisch aktiv sein und tatsächlich wachsen. Die amerikanischen Meeresforscher Diane und Mark Littler haben 1984 mit einem Tiefseeforschungstauchboot an einem zuvor unbekannten Unterwasserberg bei San Salvador nahe der Inselgruppe Bahamas die Tiefenverteilung der Algen genauer untersucht und dabei gleich mehrere Rekordhalter entdeckt. Selbst in 269 m Tiefe trafen sie noch krustenförmig wachsende Kalkrotalgen (bei tatsächlich nur 0,001 % des Oberflächenlichtes) an, in 210 m Tiefe zudem die seltsame, im Kalkgestein bohrende Grünalge *Ostreobium queketii* und in 157 m bei 0,1 % des Oberflächenlichtes die bisher tiefste aufrecht wachsende Alge, eine bis dahin unbekannte Grünalge. Nach dem verwendeten Forschungs-U-Boot „Johnson Sea Link II" wurde sie erst 1985 als *Johnson-sea-linkia profunda* beschrieben und der Fachwissenschaft als neues und bemerkenswertes Taxon vorgestellt.

Mikroalgen in Meerestieren

Rekordverdächtig und in gewissem Maße extremophil sind sicherlich auch solche ungewöhnlichen Mikroalgen, die sich als permanenten Lebensraum ausgerechnet die lebenden Zellen anderer Organismen ausgewählt haben. Diese nicht gerade alltäglich erscheinende Habitatwahl ist in der Natur indessen viel häufiger, als man gewöhnlich annimmt.

Auf der 58. Versammlung Deutscher Naturforscher und Ärzte in Kassel führte der Straßburger Mediziner und Biologe Anton de Bary (1838–1888) im Jahre 1878 den Begriff *Symbiose* für das operationale Zusammengehen artverschiedener Organismen vor. Seither verwendet die Biologie diesen Terminus mit wechselnden Begriffsinhalten. Oft nennt man die intertaxonische Verbindung zwischen grundverschiedenen Lebewesen nur dann eine Symbiose, wenn unter dem Strich für die beteiligten Partner messbare stoffliche oder sonstige ökologische Gewinne zu verbuchen sind. In dieser begrifflichen Festlegung bezeichnet Symbiose den Idealfall der Gegenseitigkeit (Mutualismus), die irgendwo zwischen Förderung, Supplementierung oder sogar Abhängigkeit rangiert. Andererseits kann das Zusammenleben artverschiedener Organismen auch mit permanenten Auseinandersetzungen einhergehen. Die Partner bieten dann nach außen zwar ein Bild ausbalancierter Kooperation, beuten sich jedoch bei näherem Hinsehen wechselseitig nach Kräften aus. Somit kann die Nutzen-Schaden-Bilanz in einer Symbiose fallweise durchaus unterschiedlich ausfallen. Zwischen Mutualismus und Antagonismus zeigt sich hier ein weites Feld von Möglichkeiten.

Angelpunkt der meisten Symbiosen artverschiedener Organismen ist die Sicherstellung oder Verbesserung der Ernährungssituation: Jede der beteiligten Arten nutzt den Partner als Materiallieferant für den eigenen Bau- oder Betriebsstoffwechsel. Unter diesem funktionalen Blickwinkel lassen sich Symbiosen letztlich immer als Ernährungsbeziehungen oder Trophobiosen beschreiben – ein interspezifisches Ernährungstandem, dem häufig erstaunliche und faszinierende Anpassungsleistungen zugrunde liegen.

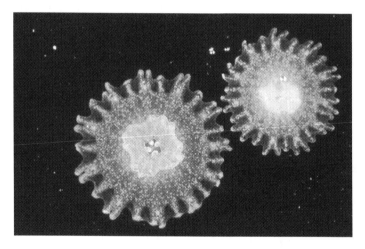

Junge Medusen von *Cassiopea andromeda*: Die hellen Punkte sind interzelluläre Komplexe einzelliger Mikroalgen

Noch spannender werden die Beziehungen in der kleinen, eventuell sogar mikroskopischen Dimension: Man kennt heute zahlreiche Symbiosen, bei denen sich ein winziger Algenpartner ständig innerhalb eines größeren Gastgebers oder sogar nur in besonderen Zellen seines

Wirtes einrichtet. Solche Partnerarrangements nennt man Endosymbiosen oder – mit Blick auf den Aktionsort Zelle – Endozytobiosen. Dabei entstehen tatsächlich völlig neue Ordnungsgefüge: Einzelorganismen mit gänzlich unterschiedlicher genetischer Ausstattung und physiologischem Leistungsprofil schließen sich zu einem um den jeweiligen Partner erweiterten System zusammen und kooperieren darin fortan wie sonst die verschiedenen Organe eines Individuums.

Abgesehen von harmlosen Bakterien und durchaus nützlichen Pilzen stellen die grünen und braunen Algen wohl die meisten Endozytobionten. Immer handelt es sich dabei um einzellige, kräftig pigmentierte und somit zur Fotosynthese befähigte Mikroalgen. Ihre Wirte sind entweder Protozoen (tierische Einzeller) oder vielzellige Wirbellose. Solche Endozytobiosen kommen nur in aquatischen Lebensräumen vor, in den Binnengewässern ebenso wie im Meer.

Ausgangs des 19. Jahrhunderts, als man solche Mikroalgen als konstante Bewohner tierischer Gewebe entdeckte, unterschied man sie ganz praktisch nach dem vorherrschenden Farbeindruck als grüne *Zoochlorellen* bzw. gelbbraune *Zooxanthellen*. Nach ihrer Erstbeschreibung stifteten sie zunächst beträchtliche Verwirrung, weil es nach damaligem Kenntnisstand völlig unvorstellbar war, dass Algen ohne erkennbare Anzeichen wechselseitiger Schädigung innerhalb von Tieren leben können. Vorsichtshalber bezeichnete man sie daher auch in der wissenschaftlichen Benennung als Zellparasiten, beispielsweise mit der aus der Bucht von Neapel als solche beschriebene *Zoochlorella parasitica*. Erst mit der Formulierung des seinerzeit sensationellen Symbiosekonzepts durch Anton de Bary wurde zunehmend deutlich, dass hier eine hervorragend funktionierende zwischenartliche Kooperative vorliegt. Die im Lebensraum Meer besonders weit und häufig vertretenen gelbbraunen Zooxanthellen erkannte man schon bald als Vertreter der Panzergeißler (Dinoflagellaten, *Dinophyceae*) und stellte sie einheitlich in die Art *Symbiodinium microadriaticum*, ungeachtet der geografischen Herkunft oder des biologischen Verbreitungsbildes. Heute weiß man, dass die aus verschiedenen Wirten isolierten Algen sich trotz äußerer Ähnlichkeit in vielen Merkmalen ihrer Molekularbiologie unterscheiden. Daher fasst man sie jetzt eher als getrennte genetische Linien auf.

Im Gastgeberverzeichnis der ausschließlich marin verbreiteten gelbbraunen Symbiodinien sind Tierarten aus nahezu allen wichtigeren Verwandtschaftsgruppen von den Protozoen bis zu den Weichtieren vertreten. Die weiteste Verbreitung haben diese endo- bzw. zytosymbiontische Algen in den Nesseltieren gefunden. Ausnahmslos alle der mehr als 3000 riffbildenden Korallenarten, dazu auch noch zahlreiche Weichkorallen, Einzelpolypen und Medusen sind mit Zytosymbionten dieses Formenkreises bestückt. Die symbiontischen Algen befinden sich fast immer in den Zellen der Gastrodermis, der inneren Gewebeschicht dieser Tiere. In den kälteren Meeren ist der Zooxanthellenbesatz jedoch aus bisher nicht exakt geklärten Gründen offenbar entbehrlich. Nesseltiere aus der Nordsee sind immer symbiontenfrei. Im Ärmelkanal oder im Mittelmeer kommen dagegen etliche Arten mit Symbionten vor, darunter beispielsweise die experimentell bestens untersuchte Wachsrose (*Anemonia viridis*).

Klarer als in vielen anderen Zytosymbiosen ist bei der Zellpartnerschaft zwischen autotrophen Algen und Protozoen oder Wirbellosen, die auf organische Nahrung angewiesen sind, der wechselseitige Beitrag der beteiligten Stoffwechselsysteme abzuschätzen: Der Fotosynthesebetrieb der symbiontischen Algen ist entweder die Produktionsbasis der gesamten Assoziation oder stellt zumindest einen erheblichen stofflichen Beitrag zur Ernährung beider Partner bereit. Der Fluss energiereicher organischer Stoffe aus den Algen in die Wirtszellen, aber auch das systeminterne Recycling von Stoffwechselendprodukten des Wirtes (Kohlenstoffdioxid, stickstoffhaltige Verbindungen) sind erwiesenermaßen die Schlüsselfunktionen der Partnerschaft.

Ein Beleg dafür ist bereits die beachtliche Produktivität von Korallenriffen. Riffe erreichen jährliche Zuwachsraten um etwa 20 t Kohlenstoff/Hektar. Sie reichen damit an die Produktionskraft tropischer Regenwälder oder den Flächenertrag optimal versorgter Kulturpflanzen heran. Die in tierischer (!) Biomasse gemessenen Zuwachsraten sind jedoch (überwiegend) die Leistung der pflanzlichen Primärproduzenten, der zahllosen Zooxanthellen der einzelnen Korallenpolypen: Mehr als eine Million Algenzellen leben im Durchschnitt unter jedem Quadratzentimeter Riff- bzw. Wirtsoberfläche. Das enorme Produktionspotenzial eines Riffs ist somit nur Ausdruck der Stoffexporte der Zooxanthellenfotosynthese in die gastgebenden Korallenpolypen. Ganz eindeutig liegen die Verhältnisse etwa bei der im Indopazifik verbreiteten Weichkoralle *Heteroxenia fuscescens*. Sie ist aus anatomischen Gründen (fehlende Nesselzellen, weitgehend vereinfachtes Verdauungssystem) nicht in der Lage, Beute zu fangen oder überhaupt partikuläre Nahrung zu verwerten. Somit ist sie – neben der Aufnahme im Meerwasser gelöster, organischer Stoffe – davon abhängig, gänzlich von den Stoffexporten ihrer Zooxanthellen zu leben. Die biochemischen Details der stofflichen Verschaltung beider Partner sind recht gut bekannt: Unter günstigen Bedingungen erzielt *Heteroxenia* über die stofflichen Zuwendungen ihrer Zellpartner einen täglichen Produktionsüberschuss von etwa 0,2 g Kohlenstoff je Einzelkolonie. Bei vielen anderen unterdessen untersuchten Partnerschaften ergaben sich im Experiment vergleichbare Größenordnungen.

Kaum zu fassen: Die braunen Riesentange

Üblicherweise stellt man sich eine Alge als mikroskopisch kleinen grünen Einzeller oder allenfalls als unübersichtliches glitschiges Fadenbüschel vor, das sich anfühlt wie lange Haare direkt nach dem Duschen. Für die Binnengewässer vom Parkteich bis zum Badesee stimmt dieses Bild sogar einigermaßen. An den Meeresküsten der gemäßigten Breiten benötigt man als Algenmaßstab jedoch auch die Dezimeter- oder sogar Meterskala. Die größte europäische Braunalgenart, der auch bei Helgoland vorkommende Zuckertang (*Laminaria saccharina,* in jüngerer Zeit unnötigerweise umbenannt in *Saccharina latissima*), wird bis zu 5 m lang und 40 cm breit und weist damit mehr Fläche auf als ein übliches Surfbrett. Solche großen Braunalgen bezeichnet man nach einem norwegischen Wort als Tang oder nach einem irischen als Kelp.

Ungleich wuchtiger wird die an den Pazifikküsten Nord-
und Südamerikas, Südafrika, Australien und Neuseeland
beheimatete Art *Macrocystis pyrifera*, der Riesentang oder
Riesenkelp schlechthin. Diese bemerkenswerte Rekordalge
wird gewöhnlich um die 45 m lang, erreicht aber nicht selten auch bis zu 70 m. Selbst in botanischen Lehrbüchern
liest man jedoch gelegentlich die Längenangabe „bis über
100 m". Diese ist allerdings heftig übertrieben und beruht
auf einer notorischen Verwechslung der Maßeinheiten Fuß
(„feet") und Meter.

Macrocystis pyrifera – angeschwemmtes 35 m-Exemplar

Blattgebilde von *Macrocystis pyrifera*

Aber annähernd 50 m sind ja auch schon eine bemerkenswerte Abmessung. Und noch erstaunlicher: Der Riesentang erreicht diese Länge tatsächlich innerhalb nur weniger Wochen und ist damit das am raschesten wachsende Lebewesen überhaupt. In der Hauptwachstumsphase zwischen April und Juni verlängert sich *Macrocystis* jeden Tag tatsächlich um etwa 30 cm – man könnte ihr daher tatsächlich beim Wachsen zuschauen. Der selbst von einem kräftigen Erwachsenen nicht mehr zu hantierende, weil unhandliche und viele Dutzend Kilogramm schwere Riesentang besteht aus ungefähr fingerdicken, ziemlich biegsamen und erstaunlich reißfesten Stielen, an denen in regelmäßigen Abständen bis zu 80 cm lange Blattgebilde sitzen. An der Basis tragen sie pflaumengroße, gasgefüllte Blasen, die im Wasser nach dem Bojenprinzip Auftrieb verleihen. Die Riesen-

tange überwintern in ihrem immer küstennahen Lebensraum nur mit ihren reich verzweigten Wurzelorganen. Die
Dutzende Meter langen Blattgebilde werden spätestens im
fortgeschrittenen Herbst abgeworfen, sofern man sie nicht
vorher maschinell geerntet hat, um aus ihren Zellwänden
Rohstoffe für Zahncremes, Joghurt, Speiseeis oder Kosme-
tika zu gewinnen. Im kommenden Frühjahr regeneriert sich
der gesamte Bestand wieder durch ein geradezu explosives
Achsenwachstum.

Carl von Linné (1707–1778) hat die Art 1771 unter dem
Namen *Fucus pyrifer* nach Herbarmaterial vermutlich nord-
amerikanischer Herkunft beschrieben. Der schwedische
Theologe und Naturforscher Karl Adolph Agardh (1785–
1859), zunächst Professor in Lund, dann Bischof von Karl-
stadt, stellte die Art 1820 jedoch in eine eigene Gattung
Macrocystis. Im Laufe der Zeit wurde nun mehr als ein
Dutzend verschiedene *Macrocystis*-Arten aus diversen Küs-
tenregionen der Neuen und der Alten Welt unterschieden,
bis sich im Jahre 2010 auf der Basis neuer vergleichender
molekularer Daten herausstellte, dass sie offenbar alle der
gleichen Spezies *Macrocystis pyrifera* angehören. Außerdem
rückte die neue Datenlage die Familienzugehörigkeit zu-
recht: Ordnete man die Riesentange zuvor in eine eigene
Familie der *Lessoniaceae* ein, gehören sie nach neuerer Erkenntnis zu den *Laminariaceae*.

Eine weitere, geradezu gigantische Art ist die an der Pazifikküste Nordamerikas verbreitete und bis etwa 40 m lange
Nereocystis luetkeana. Der Erstfund gelang im Norfolksund
von Sitka/Alaska. Beschrieben hat sie der deutsche Botaniker Karl Heinrich Mertens (1796–1830) im Jahre 1829
als *Fucus luetkeanus*. Zusammen mit den beiden deutsch-

stämmigen Naturforschern Alexander Postels (1801–1871) und Franz-Josef Ruprecht (1814–1870) nahm er teil an der von Zar Nikolaus II. ausgesandten Erkundungsreise (1826–1829) der nordamerikanischen Pazifikküsten. Postels und Ruprecht stellten diese Art 1840 jedoch in ihrer berühmten Monografie in eine eigene, nur aus dieser Art bestehenden Gattung der *Nereocystis*. Der Artnamenzusatz *luetkeana* ehrt Friedrich Benjamin von Lütke (1797–1882), Kapitänleutnant des damaligen Expeditionsschiffes „Senjawin".

3

Pilze – die etwas anderen Lebewesen

Mit ausgefallenen Inhaltsstoffen retten sie fiebernden Patienten das Leben. Andere lassen nach erbarmungslosen Attacken buchstäblich das Dach über dem Kopf einstürzen. Etliche Vertreter sind indessen klangvolle Verheißungen auf der Menükarte, und einige verderben binnen weniger Tage die Ernte eines vielversprechenden Sommers. Essen kann man sie alle – manche allerdings nur einmal, denn ein paar betont tückische Arten durchtrennen unerbittlich den Lebensfaden, eventuell schon wenige Stunden nach dem verbotenen Genuss. Die obige Revue zitiert den Antibiotika produzierenden Pinselschimmel, den zersetzenden Hausschwamm, die kulinarisch verzückenden Trüffel, den die Ernte gefährdenden Schwarzrost und die immer tödlichen toxischen Knollenblätterpilze: Die Pilze sind (nicht nur) nach biologischen Kriterien erheblich vielfältiger und interessanter als das üblicherweise zitierte Ensemble von Champignon, Pfifferling und Steinpilz und rein praktisch allesamt irgendwo einzusortieren zwischen Wohl und Wehe.

© Springer-Verlag GmbH Deutschland 2017
K. Richarz und B. P. Kremer, *Organismische Rekorde*,
DOI 10.1007/978-3-662-53780-0_3

Judasohren sind ziemlich absonderliche Pilze

Schon allein als Organismen sind Pilze nicht nur als
Freund oder Feind höchst eigenartige Lebewesen. Fast erscheinen sie sogar ein wenig gespenstisch. Zum einen sehen
sie in ihrer verwirrenden Verschiedenartigkeit gänzlich anders aus als die meisten übrigen Akteure aus der lebenden
Natur. Eine Blütenpflanze, ein Insekt oder gar einen Vogel
kann man auch als Nichtfachmann ohne Weiteres seiner
näheren Verwandtschaft zuordnen. Bei Pilzen gelingt eine
solche eindeutige Etikettierung nicht immer, denn manche
Arten sehen gar nicht so aus wie „Pilze" und haben gestalt-
lich kaum etwas gemeinsam mit dem hübsch rothütigen
und weiß gefleckten Fliegenpilz. Hinzu kommen die doch
recht merkwürdigen Namengebungen: Neben Klumpfuß,
Rotkappe, Rübling, Schleimkopf, Schneckling, Schwind-

ling oder Totentrompete verzeichnen die Pilzbücher auch so abenteuerliche Gestalten wie Faltentintling, Papageiensaftling, Schütterzahn und Speitäubling sowie eben eine beträchtliche Anzahl sonstiger „Fieslinge", die als zuverlässige Giftlieferanten ihren festen Platz schon in mancher politischen Ränkeschmiede nicht nur in der Antike hatten.

Aufbau, Inhaltsstoffe, Lebensweise und Vermehrung der Pilze sind so abgedreht, dass man Lorchel und Morchel, Pantherpilz und Parasol heute nicht mehr einfach und unkritisch bei den Pflanzen einsortiert. Pilze kann man biologisch unmöglich als „verhinderte Pflanzen" auffassen. Erstmals äußerte Remy Villemet (1736–1807), seinerzeit Direktor des Botanischen Gartens in Nancy, in einer 1784 erschienenen Untersuchung die Ansicht, dass man den Pilzen innerhalb der Organismen ein eigenes Reich zugestehen müsse. Sein aus heutiger Sicht geradezu sensationeller Vorschlag blieb leider weithin unbeachtet, und so verblieben die seltsamen Pilze vorerst in der Botanik und in deren Lehrbüchern. Erst um 1970 unterbreitete der amerikanische Entomologe und Ökologe Robert H. Whittacker (1920–1980) den erneuten und nunmehr deutlich folgenschwereren Vorschlag, diesen typenreichen Lebewesen gleichrangig neben den Pflanzen und Tieren ein eigenes Organismenreich zuzugestehen. Demnach besetzen die typischen Schlauch- und Ständerpilze, die vielen Schimmel und Schwammerln, die Becherlinge, Egerlinge, Leistlinge, Mehltaue, Porlinge, Röhrlinge und Roste einen nach heutigem Verständnis klar unterscheidbaren und nach molekularen Daten wohl definierten eigenen Kronenteil am reich verzweigten Stammbaum des Lebens. Die früher als *Niedere Pilze* bezeichneten Schleimpilze (Myxomyceten) und andere pilzähnliche Protisten wie die Eipilze (Oomycota) oder die seltsamen Hypochytriomycota, die selbst viele professionelle Biologen kaum kennen, ordnet man heutzutage nicht mehr dem Reich der Pilze zu. Vielmehr rangieren sie als spezielle Verwandtschaftsgruppen bei den Protisten.

Pilze sind also keine verhinderten Pflanzen! Im Unterschied zu ausnahmslos allen Pflanzen fehlen sämtlichen Pilzen so wichtige und eben absolut pflanzentypische Zellbestandteile wie die Plastiden, die unter anderem für das kennzeichnend chlorophyllgrüne Erscheinungsbild der Landpflanzen zuständig sind. Außerdem bestehen ihre Zellwände aus dem ansonsten nur im Tierreich vorkommenden Naturstoff Chitin. Diese bewundernswerte Substanz baut nämlich auch das Außenskelett von Insekten, Krebsen und Spinnen auf. Pilze haben zudem ungewöhnliche Fortpflanzungsverfahren: Der sehr im Verborgenen ablaufende Pilzsex vollzieht sich ganz anders als bei Pflanzen und Tieren – es gibt keine Eizellen und auch keine männlichen Spermien. Und noch etwas: Was nach bürgerlichen Kriterien als „Pilz" gilt, ist lediglich der oberirdisch erscheinende und meist nur dann wahrgenommene Fruchtkörper, der gewöhnlich viele Millionen von Sporen zu Vermehrung freisetzt. Der eigentliche Organismus Pilz ist dagegen ein meist sehr unauffälliges und weißliches Fadengeflecht, das allerdings beträchtliche Ausmaße erreichen kann.

Bei den Tieren ist die Ernährungslage völlig eindeutig und von unserer eigenen im Übrigen nicht grundverschieden: Sie knabbern an Blättern und anderen zusagenden Pflanzenteilen oder verzehren tierische Teile, die sie erjagt, überfallen oder auf eine andere perfide Weise erbeutet haben. Tiere könnte man daher ganz einfach, aber eindeutig als Lebewesen mit Mundöffnung definieren, über die sie ihre Nahrung stückweise einschleusen. Bei den grünen Pflanzen ist die Sache auf den ersten Blick weniger offensichtlich, aber experimentell ganz leicht überprüfbar: Sie begnügen sich tatsächlich mit Licht und Luft und produzieren organische Substanz durch den unglaublichen, weil einzigartigen Prozess der Fotosynthese. Aber wie handhaben denn die Pilze ihre Versorgung mit Stoff und Energie?

Vier verschiedene Wege der Nahrungsbeschaffung haben sich die Pilze im Laufe der Evolution erschlossen, auf denen sie zuverlässig an die benötigten Ressourcen gelangen. Aus ihren mikroskopisch kleinen und dünnen Zellfäden, in Fachkreisen Hyphen genannt, sondern sie allseitig Stoff abbauende Enzyme in ihre direkte Umgebung ab. Diese bewundernswert spezialisierten molekularen Werkzeuge verflüssigen das reichliche, aber eventuell hochmolekulare Nahrungsangebot. Anschließend können die Hyphen die anfallenden Zerlegungsprodukte über ihre gesamte Oberfläche leicht absorbieren. Auf diese Weise bauen Pilze tote organische Substanz ab, beispielsweise die Totholzreste auf dem Waldboden. Wenn das Totholz allmählich und schließlich absolut restlos vermodert wie in der Kompostecke des Gartens, sind also fast immer mehrere Pilzarten mit ihren unterschiedlichen biochemischen Attacken beteiligt.

Manche Pilze ernähren sich übrigens ganz einfach und ziemlich rigoros parasitisch – sie zapfen frecherweise lebende Organismen an und zweigen ungefragt den für eigene Zwecke benötigten Material- bzw. Energiebedarf von deren laufender Stoffproduktion ab. Entsetzte Hobbygärtner kennen solche Pilze etwa als Mehltaue oder Roste auf Kulturpflanzen, beispielsweise den unliebsamen Sternrußtau auf den Blättern der schönen Edelrosen im Vorgarten.

Eine dritte Gruppe von Pilzen macht eine biologisch äußerst bemerkenswerte und folgenreiche gemeinsame Sache beispielsweise mit den Wurzeln von Waldbäumen: Sie bilden mit Birken, Buchen, Eichen oder Kiefern eine gemeinsame, Mykorrhiza genannte Pilzwurzel. Die fast immer recht weitläufigen Pilzgeflechte im Boden umspinnen dabei die Feinwurzelenden der Laub- und Nadelbäume und organisieren ihnen so mit ihrer deutlich verbesserten Reichweite aus dem Boden Wasser sowie mineralische Nährstoffe. Als Gegenleistung erhalten sie von ihren Wirtswurzeln organische Stoffe. Zwischen vielen Baum- und Pilzarten bestehen enge und spezifische Partnerschaften: Erfahrene Pilzsammler wissen, dass man bestimmte geschätzte Speisepilze wie etwa Goldröhrlinge, Maronenpilze, Pfifferlinge oder gar Steinpilze jeweils nur unter Buchen, Eichen, Kiefern und/oder Lärchen findet. Wegen der komplizierten biologischen und oft artspezifischen Beziehungen zu lebenden Baumwurzeln kann man solche gesuchten Speisepilze bislang auch nicht so einfach kultivieren wie die von toter organischer Substanz lebenden Saprobionten wie Austernseitlinge oder Champignons. Solche Kooperationen zwischen Pilzen und höheren Pflanzen sind geradezu klassische Fälle von Symbiosen – ertragreiche Ernährungsgemeinschaften beruhen auf Gegenseitigkeit, aus denen jeder der beteiligten Partner seine klaren Vorteile zieht, ohne den anderen auch nur ansatzweise zu schädigen.

Schließlich können sich einige Pilzarten erstaunlicherweise tatsächlich auch räuberisch ernähren. Einige Arten entwickeln an ihren Hyphen im Boden winzige Klebefallen oder sogar lassoartige Gebilde, mit denen sie die in jedem Garten- oder Waldboden zahlreich vorhandenen Fadenwürmer einfangen. Die solchermaßen festgesetzten Kleinsttiere werden durch besondere Pilzgifte gelähmt und anschließend von den Hyphen durchwuchert, die ihre nutzbaren Stoffvorräte restlos ausbeuten.

In Mitteleuropa kommen etwa 5000 verschiedene Großpilzarten aus allen möglichen Verwandtschaftsgruppen vor – und damit deutlich mehr, als auch ein erfahrener Pilzsammler auf Anhieb benennen bzw. sicher unterscheiden kann. Fatalerweise sind manche geschätzten Speisepilze und ihre gefährlichen Doppelgänger mitunter äußerst ähnlich und somit sehr leicht zu verwechseln, zumal Pilzfruchtkörper während ihrer meist nur wenige Tage dauernden Präsenszeit ihr Aussehen ständig verändern. Deshalb ist auch der Einsatz von Pilz-Apps als zuverlässige Bestimmungshilfe bei eigenen Pilzexkursionen für die heimische Küche durchaus kritisch zu sehen. Wenn Sie also hinsichtlich der Artdiagnosen nicht absolut sicher sein sollten – der nächste Supermarkt bietet eine – als spezielle Lebensversicherung durchaus diskutable – Alternative.

Weitreichende Beziehungen: Der größte Pilz

Erstmals 2003 berichteten kanadische Forstfachleute in einer Fachzeitschrift von einem im Jahre 2000 entdeckten Hallimaschmyzel im Malheur National Forest im US-Bundesstaat Oregon, das sich im Waldboden bei rund 5 km

Durchmesser über eine Fläche von knapp 9 km² erstreckt und damit eine Fläche von etwa 1200 Fußballfeldern einnimmt. Das Myzel reicht etwa 1 m tief in den Waldboden – man schätzt es auf ein Alter von 2400 Jahren. Das älteste Lebewesen ist dieser Pilz entgegen mancher Mutmaßungen jedoch nicht – er wird hinsichtlich Lebensalter von etlichen Nadelhölzern deutlich übertroffen.

Die Fruchtkörper sind durchaus überschaubar, das Myzel indessen meist nicht

Molekulargenetische Untersuchungen bestätigen, dass es sich tatsächlich um ein und dasselbe Fadengeflecht und somit um ein einziges Pilzindividuum handelt. Es ist allerdings nicht auszuschließen, dass das Riesenmyzel eine Kolonie bzw. ein Klon genetisch identischer Fadengeflechte ist, was die Rekordmaße aber kaum schmälert. Das Gewicht beträgt vermutlich etwa 600 t, und damit wäre dieser Pilz das mit Abstand größte Lebewesen überhaupt. Da man beim Hallimasch heute mehrere Spezies unterscheidet, wurde eine genaue Artbestimmung vorgenommen: Das Riesenmyzel gehört zum Dunklen oder Nadelholzhallimasch (*Armillaria oystoyae*). Diese Hallimaschart kommt auch in Europa vor. Im schweizerischen Nationalpark wächst nahe beim Ofenpass in Graubünden das größte aus Europa bekannte Exemplar mit einer Flächenausdehnung von 800 × 500 m und einem Alter von rund 1000 Jahren.

Alle Hallimascharten gelten kulinarisch übrigens als problematisch. Nach nicht ganz geglückter Zubereitung und erst recht nach Rohverzehr beschleunigen ihre Inhaltsstoffe die Darmentleerung auf recht drastische Weise – der Pilzname ist insofern Programm, denn er verursacht zuverlässig die „Hölle im A … ".

Die Kleinsten unter den Kleinen

Wenn Schimmelpilze vom Typ der graugrünen *Aspergillus*-Arten eine vernachlässigte Brotscheibe in der Vorratstüte erfolgreich kolonisiert haben, ist das Ergebnis solchen Tuns zwar unverkennbar, aber die daran beteiligten Strukturen erschließen sich dem Auge nur in der mikroskopischen Dimension. Ähnlich steht es um die produktionsbedingt unverzichtbaren, weil gewollten Schimmelpilze, die einen reifen Camembert als *Penicillium camembertii* außen als weißliche Rindenschicht überziehen, oder die als *Penicillium roquefortii* in einem kulinarisch geschätzten Blauschimmelkäse der Typen Bavaria Blue, Gorgonzola oder Roquefort distinkt verteilte blaugrüne Pilznester bilden.

Die meist den Schlauchpilzen (Ascomyceten) zugeordneten Schimmelpilze bilden meist keine distinkten Fruchtkörper, wie man sie vom Champignon oder Pfifferling kennt. Ihre Vermehrung erfolgt über staubfeine, winzige Sporen, die selbst in einem guten Lichtmikroskop keine nennenswerten Strukturen erkennen lassen.

Biologisch interessant und wirtschaftlich von erheblichem Interesse sind die als Pflanzenparasiten gefürchteten Brand- und Rostpilze. Traditionell rechnet man sie zu den Ständerpilzen (Basidiomyceten), doch gibt es auch andere interessante, aber noch nicht unbedingt allgemein akzeptierte Vorschläge zur systematischen Zuordnung. Die Sporenlager lassen bei massivem Befall die so attackierten Pflanzenteile wie verbrannt erscheinen oder verfärben sie fleckenweise rostig braun. Eine der kleinsten heimischen Arten dieser seltsamen Verwandtschaftsgruppe ist der Antherenbrand (*Microbotryum violaceum*), der ausschließlich die Staubgefäße der Roten Lichtnelke (*Silene dioica*) befällt und darin die Pollenkornentwicklung unterdrückt. Man muss in den männlichen Blüten schon sehr genau hinschauen, um den Befall überhaupt wahrzunehmen.

Bewegen sich schon die Details der Myzelstrukturen der Schimmelpilze klar in der mikroskopischen Dimension, so gilt das erst recht für die definitiv kleinsten Vertreter der Schlauchpilze: Die kleinsten Winzlinge unter den Mikropilzen sind die ein- bis wenigzelligen Hefen, darunter auch die lebensmitteltechnologisch so wichtige Back- und Brauhefe *(Saccharomyces cerevisiae).* Deren Einzelzellen mit 6–8 µm Durchmesser nur ungefähr so groß (oder klein) wie ein rotes Blutkörperchen sind. Im lichtmikroskopischen Bild sehen sie eher uninteressant und ziemlich gleichförmig aus.

Allerdings fallen in einer Suspension aktiv wachsender Hefen an etlichen Zellen kleine, rundliche Höcker auf, die bereits der bedeutende Mikrobiologe Louis Pasteur (1822–1895) um 1865 wahrgenommen hat: Es sind Tochterzellen, die mit der Abschnürung von der Mutterzelle begonnen haben und wenig später als eigenständige Zellen weiterleben. Diese einzigartige Form der vegetativen Vermehrung nennt man Sprossung. Unter optimalen Bedingungen verdoppelt sich die Zellzahl in einer wachsenden Hefekultur etwa alle 90 min. Nach 6 h sind aus einer einzigen Hefezelle zwar nur 16 Tochterzellen hervorgegangen, aber nach 24 h sind es immerhin schon 70.000 und am nächsten Tag bereits 5 Mrd. Da muss man sich also nicht wundern, warum ein mit einer vieltausendfachen Startpopulation angesetzter Hefeteig schon innerhalb kurzer Zeit „geht" – d. h. durch die laufende Freisetzung von CO_2 (Kohlenstoffdioxid) aus dem Stoffwechsel der Hefezellen wunderbar aufgelockert wird.

Besonders Kleine unter den meist recht Großen

Fasst man nur die an der Tagesoberfläche erscheinenden Reproduktionsstrukturen ins Auge, bietet allein die heimische Flora höherer (d. h. den Ständer- bzw. Schlauchpilzen zugeordneter Verwandschaftgruppen) Pilze eine bemerkenswerte Bandbreite. Üblicherweise rangieren die meisten Hut- bzw. Konsolenpilze in den Abmessungen ihrer (saisonalen) Fruchtkörper bei wenigen Zenti- bis Dezimetern.

Viele überschreiten aber hinsichtlich ihrer tatsächlichen Hutgrößen kaum einmal die Zentimetergrenze.

Nun ist das mit den Absolutmaßen bei den Pilzfruchtkörpern so eine Sache. Zu sehr hängen die grundsätzlich erreichbaren oder tatsächlich erreichten Hutabmessungen in oft noch nicht genau geklärter Weise von vielen äußeren Faktoren ab, vor allem von der Niederschlagsversorgung und den Durchschnittstemperaturen während der Wachstumssaison. Es ist überdies immer noch ein besonderes und nicht einmal in Ansätzen gelüftetes Geheimnis, wie ein im Boden oder in einem anderen Substrat wucherndes Pilzmyzel zuverlässig registriert, dass es saisonal betrachtet an der Zeit ist, einen ansehnlichen Fruchtkörper zu entwickeln. Obwohl die weitaus meisten heimischen Hutpilze ihre Fruchtkörper zwischen Spätsommer und Frühherbst und somit in der Zeit abnehmender Tageslänge entwickeln, ist das Licht im Unterschied zu den Pflanzen sicherlich nicht der entscheidende Steuerungsfaktor, denn zelluläre „Belichtungsmesser" sind bislang bei Pilzen nicht bekannt.

Obwohl es noch keine vergleichende bzw. systematische Zusammenstellung der kleinsten Hutpilze gibt, lassen sich zumindest für die mitteleuropäische Pilzflora einige aussichtsreiche Rekordinhaber benennen: Einen der vordersten Ränge nimmt sicherlich das seltsamerweise so benannte Käsepilzchen (*Marasmius builardi*) ein. Seine Stiele sind fadendünn, die Hüte nur zwischen 3 und 8 mm breit. Die Art kommt bis Oktober auf den Blattnerven abgefallener Laubblätter vor allem von Eichen und auf abgestorbenen Fichtennadeln vor. Die gesamte nähere und recht umfangreiche Verwandtschaft in der Gattung *Marasmias*, die auch nicht gerade mit besonderen Hutgrößen

prahlt, trägt bezeichnenderweise den deutschen Gattungsnamen Schwindling.

Unterhalb von 1 cm Hutdurchmesser bietet die heimische Pilzflora keine weiteren oder gar noch kleineren Arten.
Was sich in dieser Größenklasse oder darunter auf anderen Kontinenten oder etwa in den tropischen Regenwäldern
findet, ist anhand der bisher fehlenden verfügbaren Lite-
raturdaten bzw. der aktuellen Forschungslage (noch) nicht
bekannt. Es könnte also durchaus sein, dass auch die vor-
sorglich in unserer Pilzflora als Zärtlinge bezeichneten Arten (Gattung *Psathyrella*) mit ihren Hutdurchmessern von
knapp über 1 cm anderwärts klar unterschritten werden.

Fruchtkörpergigantomanie

Fast jedes Jahr berichten die Medien zur Pilzsammelsaison
über ungewöhnlich große Steinpilze von mehreren Kilogramm Gewicht oder von Riesenbovisten, die aus der Ferne
aussehen wie weidende Schafe. Was man bürgerlich als Pilz
bezeichnet, ist jedoch nur die Vermehrungseinrichtung des
Lebewesens Pilz. Der eigentliche Pilzorganismus besteht
aus einem meist nicht unbedingt auffälligen Fadengeflecht
oder Myzel.

Etwas mehr als 1,5 kg brachte der Steinpilz auf die Waage, den ein neunjähriges Mädchen fand. Dieser besonders
üppig geratene Steinpilz war 24 cm hoch bei einem Hutdurchmesser von 28 cm. Derzeitiger Rekordhalter unter den
Pilzfruchtkörpern ist jedoch der Porling *Rigidioporus ulma-
rius*, der mehrjährige Fruchtkörper ausbildet. Er wächst in
einer schattigen Ecke in den berühmten Royal Botanical

Gardens in Kew bei London. Der Fruchtkörper wird jedes Jahr im Rahmen eines besonderen Rituals vermessen. Im Jahr 2016 hatte er eine Länge von 180 cm und eine Breite von 156 cm. Sein Gewicht schätzt man auf 284 kg. Bis dahin hielt ein Exemplar der Art *Bridgeoporus nobilissimus* mit 160 kg den Rekord. Diese Spezies erreicht einen Fruchtkörperdurchmesser von etwa 2 m.

Ziemlich ansehnlich: Riesenbovist

Äußerst beachtliche Fruchtkörperabmessungen erreicht *Termitomyces titanicus* mit einem Hutdurchmesser von bis zu 1 m bei einer Stiellänge bis zu 50 cm. Diese Art kommt in der afrikanischen Savanne vor und lebt immer in Symbiose mit bestimmten Termitenarten. Da er als guter Speisepilz gilt, ist er bei den Einheimischen entsprechend beliebt.

Pilzsammlers Horror:
Die giftigsten Hutpilze

Im Prinzip kann man alle Pilze genießen – manche allerdings nur einmal, weil sie nicht nur unverträglich, sondern auch fatal giftig sind. Von den in Mitteleuropa vorkommenden ungefähr 5000 Großpilzarten gelten glücklicherweise aber nur etwa 2 % als problematisch und davon wiederum nur wenige als (fast) immer tödlich giftig. Besonders gefürchtet sind vor allem die hochtoxischen Arten der Knollenblätterpilze, darunter der Grüne Knollenblätterpilz (*Amanita phalloides), der* Weiße Knollenblätterpilz *(Amanita verna;* manchmal auch nur als Varietät der vorigen Art aufgefasst) sowie der Kegelhütige Knollenblätterpilz *(Amanita virosa)*. Vergleichbar kritische Arten (darunter *Amanita ochreata, Amanita tenuifolia* und *Amanita bisporigera*) kommen auch in Nordamerika vor. Sie gelten nach bisherigem Kenntnisstand weltweit als giftigste Pilze überhaupt.

Für Naturstoffchemiker sind sie deswegen besonders faszinierend, weil ihre Gifte nur aus wenigen, meist zu einem 8-förmigen Doppelringmolekül zusammengeschlossenen Aminosäuren bestehen. Aminosäuren sind im Prinzip lebensnotwendige Bausteine der Proteine (Makropeptide). Relativ kurzkettige Moleküle aus nur wenigen Aminosäuren bezeichnet man als Oligopeptide und – im Fall der doppelringförmig aufgebauten *Amanita*-Toxine – als Cyclopeptide. Sie verteilen sich auf zwei Gruppen: Die aus neun verschiedenen Bauvarianten bestehenden Amatoxine werden von fünf verschiedenen Phallotoxinen begleitet. Bei *Amanita virosa* gibt es noch eine dritte Stoffvariante, das

Virotoxin. Die Amatoxine sind aus acht Aminosäuren aufgebaute Peptide (Oktapeptide), die Phallotoxine bestehen dagegen nur aus sieben Aminosäuren und sind deswegen Heptapetide. Das Virotoxin aus *Amanita virosa* ist eigenartigerweise ein monozyklisches (nur aus einem Aminosäure-Ring aufgebautes) Heptapeptid. Die strukturellen Unterschiede zwischen den verschiedenen Molekülgestalten sind vergleichsweise gering – sie betreffen lediglich Anzahl und Verteilung von OH-Gruppen. Angriffsort der Amatoxine sind die Leberzellen – hier unterdrücken sie fatalerweise erbarmungslos die Protein-Biosynthese durch unwiderrufliche Blockade des daran beteiligten Enzyms RNA-Polymerase II. Die Phallotoxine haben einen ganz anderen Wirkort und binden an bestimmte kontraktile Proteine wie das Actin, was zu Strukturveränderungen der betroffenen Zellen führt.

Die Amatoxine sind generell gefährlicher als die 10- bis 20-mal weniger wirksamen Phallotoxine. Die tödliche Dosis von γ-Amatoxin beträgt für den Menschen ungefähr 0,1 mg/kg Körpergewicht. Bereits ein 50 g schwerer Grüner Knollenblätterpilz reicht also für die Reise ohne Wiederkehr aus. Bei Kindern genügt schon eine deutlich geringere Menge. Knollenblätterpilze sind für nahezu 90 % aller tödlich verlaufenden Pilzvergiftungen verantwortlich, die auf Unachtsamkeit, Unkenntnis oder Verwechslung mit problemlos essbaren Arten beruhen.

Was bei den fatalen Giftpilzen immer wieder erstaunt und bislang nicht erklärbar ist: Neben hochtoxischen und wirklich lebensgefährlichen Arten gibt es in der gleichen Gattung auch völlig unbedenkliche Arten, die als wertvolle und delikate Speisepilze geschätzt werden – beispielsweise der in Mitteleuropa seltene Kaiserling (*Amanita caesarea*), der Perlpilz (*Amanita rubescens*) oder der auf Wärmegebiete beschränkte Eier-Wulstling (*Amanita ovoidea*).

Übrigens: Die besonders fatalen Amatoxine kommen auch in einigen anderen Pilzgattungen vor, darunter im Nadelholzhäubling (*Galerina marginata*) oder im Fleischroten Schirmling (*Lepiota helveola*).

Als giftigster Pilz weltweit gilt derzeit die in Südostasien verbreitete Spezies *Podostrema cornu-damae*, ein bisher auch epidemiologisch wenig auffälliger Schlauchpilz, der unseren Lackporlingen sehr ähnlich ist.

Die giftigsten Schimmelpilze

Viele heimische Hutpilze sind echte kulinarische Verheißungen und wecken verständlicherweise Wünsche, auch
wenn es in der mitteleuropäischen Pilzflora ein paar fatale Fieslinge gibt, mit denen man die Pilzsammelsaison
leicht für immer beschließen könnte. Bei den weniger auffälligen Schimmelpilzen ist es ebenso. Etliche Weichkäse-
Spezialitäten erhalten ihr delikates Aroma erst durch die
erwünschte und gezielte Mitwirkung ausgesuchter und
erwiesenermaßen harmloser Käseschimmelpilze während
der Reife im Lagerkeller. Unter den zahlreichen sonstigen
Schimmelpilzarten fallen jedoch einige *Aspergillus*-Arten
durch eine ausgeprägte Giftproduktion auf. Diese Pilzgifte
bezeichnet man nach dem Vorkommen in *Aspergillus fla-
vus* als Aflatoxine. Chemisch handelt es sich dabei meist
um Difuranocyclopentanocumarine – schon die Substanz-
bezeichnung klingt so ungesund, wie die Stoffe selbst es
tatsächlich sind, denn sie bewirken in den Leberzellen
gefährliche Punktmutationen in der DNA. Unterdessen
sind knapp zwei Dutzend verschiedene Molekülspezies
bekannt. Auffallend häufig finden sie sich in Erdnüssen,
Paranüssen, Pekannüssen, Pistazienkernen, Pfefferkörnern
und Tierfutter, sofern das Pflanzenmaterial nach der Ernte
unsachgemäß (zu feucht und zu warm) gelagert wurde. Die
akute Giftigkeit der verschiedenen Aflatoxine liegt bei etwa
1 mg/kg Körpergewicht und damit im Bereich besonders
schwerer natürlicher Gifte. Die Weltgesundheitsorgani-
sation (WHO) empfiehlt einen Höchstwert von 30 µg
Aflatoxin/kg Lebensmittel, da von den Aflatoxinen auch

Langzeitwirkungen wie chronische Leberschäden ausgehen können.

Direkt vor unserer Haustür: Überall extreme Lebensräume

Organismen, die Temperaturen bis zu unter −20 °C schadlos überstehen und auch noch mehr als +50 °C locker überleben, verdienen unsere besondere Bewunderung. Die Kältespezialisten erwartet man zu Recht in den polaren Regionen der Erde, wo die Jahresdurchschnittstemperaturen gewöhnlich weit unter dem Gefrierpunkt liegen. Die Hitzetoleranten vermutet man dagegen als spezielle Fälle in Vulkangebieten mit ihren kochend heißen Quellen. Man braucht allerdings nicht nur in solchen Biotopen meist entlegener Erdenwinkel nach Spuren aktiven Lebens zu suchen. Organismen, die klirrende Kälte ebenso unbeeindruckt über sich ergehen lassen wie höllische Hitze, finden sich nämlich mengenweise auch in allernächster Nähe. Schauplatz dieser unvermuteten Extremistenszene sind tatsächlich die Dachziegel direkt über unseren Häuptern: Zwischen den winterlichen Tiefsttemperaturen einerseits, die zumindest gebietsweise eventuell sogar unter dem Jahresdurchschnitt arktischer Gebiete liegen, und den sommerlichen Höchstwerten zur Mittagszeit andererseits, die auf einem südexponierten Hausdach fast Siedehitze erreichen, liegen oft Temperaturspannen von mehr als 120 °C. Die ökologisch bemerkenswert erfolgreichen Extrembesiedler dieses zweifellos höchst ungemütlichen

Lebensraums sind verschiedene Ensembles chromgelber, lichtgrauer oder schwarzgrüner Krustenflechten, die sich als lebende und persistente Patina aus kleineren oder größeren Fleckenensembles auf den Dachziegeln ansiedeln. Das Geheimnis ihrer Siedlungserfolge an einem solchen Biotop, dessen Kenndaten im Jahresverlauf zwischen Tiefkühltruhe und Bratpfanne schwanken, besteht darin, dass sie bei Extremtemperaturen praktisch austrocknen und während dieser Zeiten alle Lebenstätigkeiten einfach einstellen. Mit besonderen biochemischen Tricks statten sie die empfindlichen Zwischenräume ihrer Zellmembranen mit besonderen Schutzsubstanzen (meist Mehrfachalkohole, das sind Polyole mit Kettenlängen zwischen C_4 und C_6) so aus, dass diese beim Eintrocknen nicht unwiderruflich kollabieren und verkleben. Bei Wiederbefeuchtung können die Flechten daher erstaunlich rasch in ihren normalen Betriebszustand zurückkehren.

Wo die meisten Blütenpflanzen und selbst die genügsamsten Moose längst aufgeben, kommen die Flechten erst so richtig groß heraus: Im frostklirrenden Hochgebirge, auf sonnendurchglühtem Gestein, salzgetränkten Brandungsfelsen, in staubtrockenen Wüsten und tiefschattigen Schluchten sind Flechten die ersten oder letzten Vorposten der Vegetation. Oft besiedeln sie auch gewöhnliche, aber dennoch ausgefallene Wuchsunterlagen wie Bauholz. In unseren Breiten kommen fast so viele Flechtenarten vor wie Blütenpflanzen – das Zahlenverhältnis beider Organismengruppen ist damit recht ausgewogen und liegt bei rund 1,0. Je extremer sich allerdings eine Großregion hinsichtlich ihres Klimas und damit der Lebensbedingungen für die Organismen darstellt, desto mehr verlagert sich die Verhältniszahl zugunsten der Flechten: In Skandinavien liegt sie schon bei 1,2, in Grönland bereits bei 2,3 und in der Antarktis sogar bei über 150. Hier sind Flechten praktisch die einzigen Pioniere, die das Bild der Vegetation auf den nackten und meist ganzjährig eisfreien Felsen (Nunatakker) prägen. Entsprechende Bewertungen ergeben sich übrigens auch für ausgewählte und von Flechten regelmäßig bevorzugte Kleinlebensräume in unseren Breiten, neben den erwähnten Dachziegeln etwa für nackten Boden, bröselnde Mauerfugen, verwitternde Knochen, rostende Metallteile oder ausgelaugte Baumrinden.

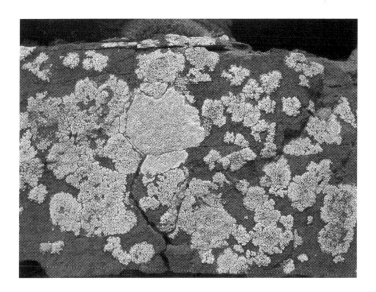

Flechten sind ein einzigartiger Lebensentwurf. Genau betrachtet sind sie immer ein Doppelorganismus, nämlich ein Gemeinschaftsunternehmen, in dem sich (mindestens)

zwei grundverschiedene Organismenarten zu einer meist lebenslangen und somit zuverlässig dauerhaften Betriebsgemeinschaft (Symbiose) zusammengeschlossen haben. Die Repräsentanz übernimmt jeweils ein Pilzpartner (Mycobiont), der bis zu 95 % der Flechtenbiomasse ausmacht. Die wirtschaftliche Führungsrolle in der Betriebsgemeinschaft Flechte mit der nötigen Stoffproduktion ist dagegen Sache der zur Fotosynthese befähigten autotrophen Partner (Photobionten). Pilzpartner sind in unseren Breiten überwiegend Vertreter der Schlauchpilze (Ascomyceten). Mit großer Wahrscheinlichkeit wird man die Lehrbücher allerdings zumindest in Teilen umschreiben müssen: Ging man bislang von nur zwei Flechtenpartnern aus unterschiedlichen Domänen aus, ergab eine neuere an der Universität Graz durchgeführte (und 2016 veröffentlichte) Studie überraschend, dass in der ohnehin schon faszinierenden Flechtensymbiose auch noch ein dritter und bislang nicht erkannter Partner mitmischt: Das bisher als duales System verstandene und daher nach traditionellem Verständnis nur aus zwei kooperierenden Arten bestehende Ensemble Flechte ist offenbar immer eine klassische Dreierbeziehung. Zunächst nur am Beispiel zweier ganz unterschiedlich aussehender Arten der Flechtengattung Bryoria konnte nachgewiesen werden, dass tatsächlich ein hefeähnlicher Vertreter der Ständerpilze (Basidiomyceten) als konsistent dritter Beteiligter eine essenzielle Rolle in der Flechtensymbiose übernimmt. Das betrifft nach den mit molekulargenetischen Sonden durchgeführten Analysen die Vertreter aus mehr als 50 Flechtengattungen: Der zweite und bisher unerkannte Flechtenpilz ist immerhin in Flechten von der Antarktis über Japan und Südamerika bis hin nach Ostafrika nachweisbar. Offenbar handelt es sich also tatsächlich um ein generelles Phänomen. Die Photobionten stammen aus verschiedenen Verwandtschaftsgruppen; es sind entweder mikroskopisch kleine Cyanobakterien (Cyanobionten; früher Blaualgen genannt) oder kugelige bis kettenförmige Grünalgen oder in seltenen Fällen Angehörige bräunlich gefärbter Algengruppen (Phycobionten). In den meisten in Europa vorkommenden Flechten sind eukaryotische Mikroalgen am Werk.

Ob blaugrüne Bakterien bzw. grüne oder gelbbräunliche Algen im Hyphengewirr einer Flechte hausen, hat auf deren Färbung wenig Einfluss. Die oft sehr knalligen, plakativ wirkenden Flechtenfarben gehen meist auf völlig andere Substanzen zurück, die weder Alge noch Pilz alleine herstellen können. Da in einer Flechte mindestens zwei verschiedene Organismenarten zusammenarbeiten und eine von den beteiligten Partnern völlig abweichende Gestalt aufbauen, ist hier der übliche biologische Artbegriff zugegebenermaßen problematisch. Zudem bezeichnet man Flechten heute nicht mehr als Pflanzen, sondern als ernährungsphysiologisch spezialisierte Pilze, die sich zur Sicherung ihres Lebensunterhalts produktive Algen als Untermieter halten. Aber auch die Flechtenalgen profitieren vom gemeinsamen Betrieb, erlaubt ihnen die Symbiose doch den Zugang zu Lebensräumen, die sie allein niemals hätten besiedeln können.

4

Pflanzen – so ganz anders, als man denkt

Die Frage, was denn eigentlich eine Pflanze ist, sollte man so in der Öffentlichkeit eher nicht stellen – es sei denn, man riskiert ganz unerschrocken, mitleidig belächelt zu werden. Vermutlich muss man sich dann auch die nicht besonders hilfreiche Empfehlung anhören, mal in den nächsten Stadtpark zu gehen oder einen Blick auf eine gut bestückte Fensterbank zu werfen. Einigermaßen informierte und zudem ansatzweise missionarisch veranlagte Gemüter werden nach kurzem Nachdenken gewiss darauf verweisen, dass (grüne) Pflanzen schließlich per Fotosynthese ständig das Sauerstoffbudget der Atmosphäre ergänzen und als Primärproduzenten sozusagen die unersetzliche stofflich-energetische Basis der gesamten Biosphäre darstellen, ohne die auch die seltsame Spezies Mensch absolut nicht existenzfähig wäre. Ist alles richtig – nur erklären uns diese zweifellos zutreffenden Notierungen überhaupt nicht die Alleinstellungsmerkmale der wissenschaftlich so umrissenen Pflanzen (Organismenreich *Plantae*). Das absolut bewundernswerte, weil in vielen Details fast nicht zu glaubende Leistungsmerkmal der Fotosynthese (dieser einzigartige Prozess konvertiert raffiniert die physikalische Energie der Photonen aus dem Sonnenlicht in die Bindungsenergie der C-, H- und O-Atome einer organischen Verbindung vom Typ Haushaltszucker,

© Springer-Verlag GmbH Deutschland 2017
K. Richarz und B. P. Kremer, *Organismische Rekorde*,
DOI 10.1007/978-3-662-53780-0_4

Saccharose) kann schon allein deswegen kein konstitutives Kriterium für Pflanzen sein, weil sich die etwa in einem Kopfsalat ablaufende Fotosynthese nach dem gleichen biochemischen Grundmuster vollzieht wie in einem beliebigen photoautotrophen Cyanobakterium der Gattung *Nostoc* oder in sämtlichen ein- und mehrzelligen Algen der Typen *Chlorella* bis *Macrocystis*, die wir in Kap. 3 ausdrücklich in das Organismenreich der Protisten verlagert haben. Es muss also offensichtlich ein anderes Kriterium für das heute so umrissene Organismenreich der Pflanzen innerhalb der von Carl Woese vorgeschlagenen Domäne Eucarya geben.

Auch ein grünes Wunder: Blattkrone eines Baumfarns

Das geradezu fantastische Stoffwechselkriterium *Fotosynthese* ist dabei also erstaunlicherweise nachrangig.

Entscheidend ist nämlich nach neuerer Festlegung eine entwicklungsbiologische Eigenheit: Alle aus heutiger Sicht als (eigentliche) Pflanzen zu bezeichnenden Organismen durchlaufen in ihrer Individualentwicklung ein in eine längere Ruhephase eingeschaltetes Embryonalstadium. Ein solches findet sich erstmals bei den Moosen, dann aber auch bei sämtlichen Farnpflanzen und erst recht in den Samen der Nackt- und Bedecktsamer. Vor diesem entwicklungstechnischen Hintergrund bezeichnet man die heute so verstandenen Pflanzen als *Embryophyten*. Bei den Samenpflanzen (Nackt- und Bedecktsamer) ist etwa die Ausbreitungseinheit *Same* immer ein auf einem frühen Stadium in seiner weiteren Entwicklung festgehaltener Embryo. Ganz ähnlich liegen die Dinge – wobei wir hier die biologischen Details übergehen können – bei den Moosen, Schachtelhalmen, Bärlappen und Wedelfarnen.

General Sherman als recht massives Gehölz

Der Riesenmammutbaum (*Sequoiadendron giganteum*) ist nur an den Westhängen der kalifornischen Sierra Nevada in etwa 2000 m Höhe beheimatet und dort heute noch in etwa 70 größeren und kleineren Mammutbaumhainen verbreitet. Am zugänglichsten sind diese eindrucksvollen Baumgiganten in den drei nahe benachbarten Nationalparken Sequoia, Kings Canyon und Yosemite National Park. Die größten heute noch stehenden Vertreter tragen individuelle Namen wie Giant Grizzly oder General Grant. Das

mit Abstand größte und immer noch wachsende Exemplar
ist der General Sherman Tree im Sequoia National Park,
benannt nach einem offenbar verdienten Südstaatenkämp-
fer; sein imposantes Denkmal steht in New York an der
Fifth Avenue direkt am Eingang zum Central Park. Dieser
Baumgigant, der auf der Welt seinesgleichen nicht (mehr)
hat, ist heute fast 85 m hoch. Beim Wurzelanlauf ist sein
Stamm knapp 12 m dick und weist selbst in 55 m Höhe
immer noch 4 m Durchmesser auf. Sein größter Ast ist über

40 m lang und im Durchschnitt etwa 2 m dick. Der gesamte Holzvorrat wird auf 1498 m³ geschätzt – so viel, wie auf 1 ha eines mitteleuropäischen Mischwalds wächst. Seine gesamte Biomasse beträgt schätzungsweise 2150 t oder so viel wie 15 ausgewachsene Blauwale. Aus einem solchen Baum von der Größe des General Sherman Tree hat man in den Rocky Mountains im 19. Jahrhundert eine komplette Dorfkirche mit 350 Sitzplätzen samt 20 m hohem Glockenturm errichtet. Würde man für solche Seelsorgezwecke hiebreife Spessarteichen verwenden, wären annähernd 200 Bäume „fällig"!

Pollenklatsche: Schlagfertige Blüten

Alle Entfaltungsbewegungen einer Blüte gehen auf allmähliche Druckveränderungen und die dadurch ausgelöste Streckung bestimmter Zellverbände zurück. Diese Prozesse brauchen ihre Zeit, deshalb vollziehen sich die meisten Bewegungsabläufe nahezu unmerklich im eher gedehnten Zeitlupentempo. Es gibt aber auch hier bemerkenswerte Ausnahmen. Rasche und sofort erkennbare Bewegungen einzelner Blütenteile stehen meist im Dienste einer optimalen Bestäubungssicherung. So ist es auch bei den als Ziergehölze häufig verwendeten Berberitzen (*Berberis*-Arten) und ihren näheren Verwandten wie der immergrünen Mahonie (*Mahonia aquifolium*). In deren geöffneten Blüten sind die Staubblätter weit nach außen gebogen. Sobald jedoch ein Blütenbesucher beim Nektartanken am Blütengrund die Stielchenbasis der Staubblätter berührt, klappen diese sekundenschnell nach innen und kleben dem Blütengast eine gehörige Pollenportion an Saugrüssel und Kopf. Beim nächsten Blütenbesuch streift das bestäubende Insekt diese Fracht dann an der Narbe ab. Das augenblickliche Klappmanöver kann man übrigens leicht mit einer Nadel oder einem spitzen Halm auslösen.

Besonders lange Leitung: Diesmal durch die Maisgriffel

Maisäcker sieht man (leider) überall in der Agrarlandschaft. So problematisch der Anbau dieses Supergetreides aus vielerlei Gründen ist, so interessant zeigt sich der Kulturmais (*Zea mays*) aus botanischer Sicht. Ab Hochsommer sind in den unteren Stängelpartien die künftigen Maiskolben zu sehen – zunächst noch gut verpackt von mehreren Hüllblättern (Lieschen). Aus deren oberem Ende ragt ein dichtes Büschel langer, fädiger Gebilde heraus: Es sind die enorm verlängerten Griffel der weiblichen Blüten, die eventuell bis zu 40 cm weiter unten sitzen. Die Anzahl der superlangen Griffelfäden entspricht der Anzahl der künftigen Maiskörner – je Kolben sind es zwischen 200 und 400.

Diese Rekordgriffellänge ist völlig ungewöhnlich, zwingt sie doch den keimenden Pollenschläuchen einen beachtlichen Langstreckenparcours bis hinunter zu den Samenanlagen auf. Noch ungewöhnlicher ist aber, dass den langen Griffeln die sonst blütenübliche Narbe als Auftragungsort für die Pollenkörner fehlt. Auf dem gesamten Abschnitt, der aus den Lieschen vorragt, sind sie für die herabrieselnden Pollenkörner empfängnisfähig. Somit sind sie seltsamerweise Griffel und Narbe zugleich.

Fast wie ein Flugzeugflügel: Das größte Blatt

Sollte man in mitteleuropäischen Gefilden bei einer Sommerwanderung einmal vom Platzregen überrascht werden, hat man eventuell rasch eine hilfreiche Einwegkapuze zur Hand: Die Blätter der heimischen Pestwurzarten sind fast $0,5\,\mathrm{m}^2$ groß und halten das Schlimmste wirksam ab. In anderen Regionen der Erde nimmt man besonders große Blätter ebenfalls als Regenschutz – allerdings eher zum Eindecken von Hausdächern.

Neben dem schlanken, aber stabilen und fast immer unverzweigten Stamm sind die Fächer- oder Fiederblätter sicher das auffälligste Merkmal der Palmen: Alle Blätter drängen sich am oberen Stammende in einem Blattschopf gewaltiger Ausmaße zusammen. Die einzelnen Blätter sprengen nun tatsächlich alle üblichen Normen für diese Organe.

Rekordhalter ist die auf Madagaskar beheimatete Raffia-Palme (*Raphia farinifera*) mit Blättern so hoch wie das Brandenburger Tor (nämlich bis zu 22 m) bei oftmals mehr als 3 m Breite. Ein solches einzelnes Palmblatt weist also unter Umständen die gleiche Fläche auf wie beide Tragflächen eines Kleinflugzeugs.

Riesenblätter entwickeln auch einige Pflanzen, die nicht zu den Palmen gehören, darunter das chilenische Mammutblatt (*Gunnera tinctoria*)

Wüstengewächs Welwitschie: Der sicherlich seltsamste Baum

Wenn die Stadtgärtner die Alleebäume der Lindenstraße so zurechtgestutzt haben, dass sie aussehen wie vergammelte Zahnbürsten, erkennt man sie ohne weiteres als Bäume. Sogar auf militärische Geradlinigkeit getrimmtes Spalierobst oder die Blumentopfbonsais aus dem Baumarkt haben unverkennbar Baumcharakter. Bei einer der sicherlich seltsamsten Baumgestalten, die man in der Natur findet, denkt man aber zunächst nicht an einen Baum: Der meist nur 50 cm hohe, aber bis zu 1 m dicke Stamm der Welwitschie und dazu ihre beiden bandförmigen, meist 2 m (höchstens 5 m) langen und bis zu 50 cm breiten, an den Enden aufgefaserten Blätter passen in kein übliches Bild eines Gehölzes.

Diesen eigentümlichen Baum entdeckte der österreichische Arzt und Botaniker Friedrich Weltwitsch 1859 im südafrikanischen Angola. Joseph D. Hooker vom berühmten botanischen Garten in Kew bei London beschrieb die Art und benannte sie 1863 nach ihrem Entdecker als *Welwitschia mirabilis*. Sie umfasst zwei Unterarten, repräsentiert eine eigene Familie und sogar eine eigene Ordnung innerhalb der Nacktsamer. Alle Vorkommen liegen in der biologisch einzigartigen Wüste Namib im südlichen Afrika im Süden von Angola und im Norden von Namibia. In Namibia ziert die seltsame Welwitschie sogar das Staatswappen. Die Pflanzen sind zweihäusig – die männlichen und weiblichen Blüten entwickeln sich auf verschiedenen Individuen. In Europa sind sie nur in wenigen botanischen Gärten zu sehen, unter anderem im Frankfurter Palmengarten.

Klappe zu:
Blätter können enorm schnell sein

Pflanzen sehen – wenn sie nicht passiv bewegt werden – meist ziemlich starr und steif aus. Rasche Eigenbewegungen nach Art der Tiere sind offenbar nicht ihr Ding. Nur die geduldige Beobachtung oder die Dokumentation in Zeitraffertechnik decken allerhand faszinierende Bewegungsabläufe auf. Umso erstaunlicher erscheint daher, wenn ein Pflanzenorgan ein gänzlich unerwartetes Temperament entwickelt und geradezu schlagartig reagiert. Neben einzelnen Blütenteilen kommen solche Überraschungsmanöver vor allem bei den Fangeinrichtungen tierfangender

(„fleischfressender") Pflanzen vor. Zu den schnellsten Bewegungen gehört hier das Zusammenklappen der Fangblätter der Venusfliegenfalle (*Dionaea muscipula*) entlang der Mittelrippe, die dabei als Scharnier wirkt.

Schon Charles Darwin hat sich mit dieser faszinierenden, aus dem Südosten der USA (Carolina) stammenden Moorpflanze näher befasst. Heute kann man sie in fast jedem Gartencenter als botanische Kuriosität kaufen. Ausgelöst wird das augenblickliche, ungefähr eine zehntel Sekunde beanspruchende Schließen der beiden am Rande stachelbewehrten und somit jedes Entkommen vereitelnde Blatthälften durch die Verformung eines der zahlreichen feinen Sinneshaare auf der Blattfläche, wobei – offensichtlich zur Vermeidung von Fehlalarm – die Schließbewegung nur dann abläuft, wenn ein Sinneshaar zweimal kurz hintereinander gereizt wird. Sollte das auslösende Insekt wider Erwarten der tödlichen Falle dennoch entkommen, öffnet sich das Blatt nach etwa 40 min und ist dann erneut fangbereit – allerdings höchstens ein drittes oder viertes Mal.

Vom Leben im Kühlfach: Blühende (Ant-)Arktis

Die auffallende Höhenstufengürtelung der Pflanzendecke im europäischen Hochgebirge, die bei den Laubwäldern der Hügelregion beginnt und mit den Polsterpflanzen und Flechtenbändern irgendwo in der Gipfelregion des ewigen Eises endet, ist ein sichtbarer Ausdruck für die Abfolge verschiedener Klimazonen. Was im Gebirge vertikal übereinander folgt, entspricht – kaum verwunderlich – den verschiedenen Vegetationszonen mit zunehmender geografischer Breite. Wenn man in den Nordalpen bei einer Bergwanderung in ca. 1800 m Höhe unterwegs ist, erlebt man ungefähr die gleiche Pflanzenwelt wie 1800 km weiter nördlich in Skandinavien. Rund 1000 m Höhengewinn in den Alpen entspricht also einem Breitenunterschied von etwa 1000 km. In 3000 m Höhe der Zentralalpen (höchster Tagesdurchschnitt knapp +2 °C, tiefster etwa −13 °C) herrscht etwa das gleiche Klima wie am Rande der Arktis oder der Antarktis.

Irgendwann wird es aber auch die widerstandsfähigsten Pflanzenarten kalt erwischen. In der Arktis halten der Arktische Mohn (*Papaver arcticum*) und die Arktische Weide

(*Salix arctica*) bei 83° nördlicher Breite den standörtlichen Breitenrekord. Auf der anderen Seite der Erde sind es die Antarktische Schmiele (*Deschampsia antarctica*) und die Dickblattnelke (*Colobanthus crassifolius*), die beide noch bei 65° südlicher Breite gedeihen. In den Alpen wäre das ein Standort oberhalb 4000 m. Erstaunlicherweise wachsen sie in ihrem Verbreitungsgebiet neuerdings in Gesellschaft einer aus Europa eingeschleppten Grasart, nämlich des Wiesenrispengrases (*Poa pratensis*), von dem man solche ökologischen Eskapaden gar nicht erwartet hätte.

Wie man die Zeiten durchsteht: Die ältesten Bäume

Zumindest in den gemäßigten Breiten mit ihren ausgeprägten Jahreszeiten tragen die Bäume und Sträucher sozusagen ihre eigene Biografie in sich: Die jährlich angelegten Wachstumsringe verraten in ihrer Summe absolut eindeutig das Alter eines Gehölzes. Zur genauen Altersbestimmung muss man die betreffende Wotanseiche oder eine ehrwürdige, als Naturdenkmal geschützte Gerichtslinde natürlich nicht fällen, denn zur Auszählung der Jahrringe genügt auch eine kleine Holzbohrprobe. Oft sind die Stämme allerdings hohl. Dann ist das genaue Alter nur ungefähr abschätzbar. Bei so mancher angeblich 1000-jährigen Eiche oder Linde ist deswegen ein Spielraum von mehreren Jahrhunderten durchaus realistisch, sofern nicht andere Quellen verfügbar sind. Andererseits liegen von vielen Baumarten recht genaue Jahrringchronologien vor. Mindestens zwei Dutzend

Baumarten weltweit erreichen locker ein Lebensalter von über 1000 Jahren.

Bei den kalifornischen Mammutbaumarten *Sequoia sempervirens* und *Sequioadendron giganteum* ist am gefällten Stamm ein Höchstalter von 3212 Jahren dokumentiert, obwohl John Muir, der Begründer der Nationalparkidee, von einen Stamm mit etwas über 4000 Jahrringen berichtet. Die Grannen-Kiefern (*Pinus longaeva*) in den White Mountains in den südwestlichen USA sind durch Jahrringzählung auf über 4700 Jahre datiert. Umgekehrt hat man am liegenden Holz dieser Art die bekannte Isotopen-Datierungsmethode mit radioaktivem Kohlenstoff (^{14}C; Radiokarbonmethode) für die letzten 10.000 Jahre exakt eichen können.

Der älteste Baum der Welt ist vermutlich ein Europäer, nämlich die bekannte Fortingall-Eibe (*Taxus baccata*) in Perthshire/Schottland. Sie ist einigermaßen sicher älter als 5000 Jahre und wird von Fachleuten sogar auf rund 9000 Jahre geschätzt. Gerade auf den britischen Inseln und in Irland finden sich uralte Eiben auf den Friedhöfen an romanischen Kirchen, die erwiesenermaßen an früheren keltischen Kultplätzen errichtet wurden. Daher datieren die betreffenden Bäume vermutlich bis in die jüngere Steinzeit (bis ca. 4000 v. Chr.) zurück. Eine rund 2000-jährige Eibe ist übrigens auch Deutschlands ältester Baum – sie wächst in der Nähe von Balderschwang im Allgäu.

Nur streichholzhoch: Der kleinste Baum

Ausdrücklich als kleinsten aller Bäume („minimus inter omnes arbores") bezeichnete der schwedische Naturforscher Carl von Linné (1707–1778) im Jahre 1753 die in den Alpen verbreitete Kraut-Weide (*Salix herbacea*). Dieser Gehölzwinzling ist tatsächlich viel kleiner als ein üblicher Bonsai und wird gerade einmal streichholzhoch.

Hölzerne Wolkenkratzer: Die höchsten Bäume

Spanische Missionare berichteten schon 1778 aus Kalifornien, man habe ein großes Naturwunder entdeckt – einen Wald, der wohl noch den Kampf der Dinosaurier erlebt haben müsse. Diese Bewunderung galt dem Immergrünen Mammutbaum (*Sequoia sempervirens*, auch Küstenmammutbaum oder kurz Küstensequoie genannt), der einen schmalen Geländestreifen von etwa 30 km Breite und rund 700 km Länge vom südlichen Oregon bis in die Gegend von San Francisco besiedelt und nicht weiter als 50 km von der Pazifikküste entfernt vorkommt. Wuchshöhen um 100 m sind bei dieser Spezies völlig normal. Die drei höchsten noch stehenden (und wachsenden) Exemplare sind die Riesen im Redwood Creek Grove in Humboldt County/Nordkalifornien. Nach den jüngsten forstamtlichen Listen messen sie 113,1 bzw. 112,6 und 111,5 m Höhe. Mit ihren mehr als 100 m Höhe würden sie, lägen sie der Länge nach am Boden, auf kein normales Fußballfeld passen. Ihre Stämme sind jedoch nicht nur unglaublich hoch, sondern auch entsprechend dick. In Augenhöhe beträgt der Stammdurchmesser bei jedem der drei Rekord-Redwoods fast 7 m bei einem Umfang von rund 21 m. Als man 1876 auf einer Ausstellung in Philadelphia einen aus über 5000 km Entfernung herbeigeschafften *Sequoia*-Stamm zeigte, hielten ihn die Besucher für einen ausgemachten Schabernack der Kalifornier und überlegten ernsthaft, wie man denn eigentlich mehrere Einzelstämme so geschickt zusammenleimen könne.

Der nahe verwandte, 1853 in den unzugänglichen Tälern der kalifornischen Sierra Nevada entdeckte, in Höhen zwischen 1500–2400 m vorkommende Riesenmammutbaum (*Sequoiadendron giganteum*) steigert das Bild sogar noch etwas, weil er insgesamt massiger wächst und darum imposanter wirkt. Aus dem Calaveras National Forest in den kalifornischen Rocky Mountains ist ein Rekordmaß von 135 m verbürgt. Stünde dieser höchste bisher überhaupt vermessene und nach dem Fällen (um 1860) „Vater des Waldes" genannte Mammutbaum gleich neben dem Kölner Dom, so reichte sein oberer Leittrieb bis fast an den Ansatz der Kreuzblume auf den Domtürmen. Die nach den unbekümmerten Abholzungen im 19. Jahrhundert übrig gebliebenen und heute geschützten Bäume sind im Durchschnitt etwas niedriger als die am Gebirgsfuß stockenden Redwoods, erreichen mit ihren 80–90 m Wuchshöhe aber immer noch fast das 3-Fache einer ausgewachsenen heimischen Buche oder Eiche.

Ein historisches Rekordmaß erreichte auch ein 1872 in Victoria gefällter australischer Rieseneukalyptus (*Eucalyptus regnans*) – er war bei einem Durchmesser von 5,5 m stolze 132,5 m hoch. Die höchsten heute noch wachsenden Exemplare dieser Art sind 98 m hoch. Rein holzstatisch betrachtet, könnten Bäume sogar noch höher werden. Bei etwa

140 m ist jedoch eine physiologische Grenze erreicht, denn bei dieser Höhe reißen die feinen Wasserfäden in den Leitgeweben von Stamm und Ästen unter ihrem Eigengewicht ab.

Knisternde Spannung: Die lauteste und schnellste Blüte

Am kühlen Morgen sind sie noch fest geschlossen. Erst in der wärmenden Vormittagssonne ändert sich das Bild: Die Blüten vieler Arten aus dem blühenden Vorgarten entfalten sich zu voller Größe und haben nunmehr als Ausflugslokale für ihre bestäubenden Insektengäste geöffnet. Meist vollzieht sich die Entfaltung einer Knospe zur voll erblühten Blume so langsam, dass man das gesamte Manöver nicht direkt verfolgen kann – es sei denn, man verbringt einen gemütlichen Vormittag mit Winkelmesser und Stoppuhr im Garten.

Für etwas Ungeduldigere hat die Natur allerdings einige erstaunliche Arten im Angebot, deren Blüten sich sozusagen zusehends, nämlich innerhalb von rund 30 s und zudem hörbar öffnen: Die Nachtkerzen (*Oenothera*-Arten) sind zwar in den Prärien Nordamerikas zu Hause, aber auch in Mitteleuropa als dekorative Sommergartenblumen oder als Neubürger der heimischen Flora zu erleben. Ihre großen, hellgelben Blütenblätter, die schon ab Spätnachmittag verheißungsvoll aus der leicht geöffneten Kelchblatthülle ragen, strecken sich mit vernehmlichem Knistern in der fortgeschrittenen Dämmerung und dabei genauso rasch, wie es

sonst nur eine Aufnahmeserie im Zeitrafferverfahren zeigen
kann. Besonders eindrucksvoll läuft diese abendliche Ou-
vertüre bei der Rotkelchigen Nachtkerze (*Oenothera glazio-
viana*) ab, deren Blüten über 6 cm breit werden. Die *Oenothera*-Blüten sind typische Nachtfalterblumen und werden
bereits kurz nach dem Öffnen häufig angeflogen. Schon am
folgenden Tag ist die aufwendige Inszenierung allerdings
vorbei – dann hängt die Blüte völlig schlaff durch. Für den
nächsten Abend geht indessen im großen Blütenstand schon
die nächste Garnitur an den Start.

Nicht im Zeitraffer, sondern nur in der extremen Zeit-
dehnung ist die bislang schnellste Blütenöffnung zu verfolgen: Rekordhalter ist derzeit der Kanadische Hartriegel
(*Cornus canadensis*). Nachdem sich seine Blüten entfaltet
haben, strecken sich die vier Staubblätter geradezu augen-
blicklich in nur 0,5 ms (Millisekunden!) und schleudern
ihre Pollenkörner mit dem über 2000-Fachen der Erdbe-
schleunigung aus – fast dreimal so heftig wie ein Astronaut
mit seiner Trägerrakete in den Orbit geschossen wird. Dieses
Manöver ist allerdings eine typische Entspannungsbewe-
gung. Die immer noch schnellste physiologisch ausgelöste
Bewegung eines Pflanzenorgans zeigen die zusammenklap-
penden Fangblätter der Venusfliegenfalle.

Giftschrank Garten:
Die gefährlichste Blütenpflanze

Verständlicherweise sind nicht alle Pflanzen für die menschliche Ernährung geeignet. Die Natur hat nämlich so manches hübsch aussehende Gewächs mit ziemlich starken Giften ausgestattet, um zudringliche Pflanzenfresser wirksam
abzuwehren. Das gilt auch für viele Zierpflanzen. Ein wahl-
los zusammengestellter bunter Blattsalat aus dem sommerlichen Garten kann daher leicht auf einen schlimmen Hor-
rortrip hinauslaufen.

Die mit Abstand giftigste Pflanze Europas ist der auf
Bergwiesen ebenso wie in vielen Ziergärten wachsende
Blaue Eisenhut (*Aconitum napellus*), eine in der freien
Natur ebenso wie seine zahlreichen Verwandten streng

geschützte Art. Die für den Menschen tödliche Dosis seiner schweren, Atmung und Herzschlag zuverlässig lähmenden Nervengifte (das Hauptalkaloid heißt Aconitin) liegt bei weniger als 0,1 mg/kg Körpergewicht. Nur wenige Blätter oder ein knapp fingerlanges Wurzelstück reichen also für ein (un)geplantes Finale. Eine kritische, weil wirksame Giftmenge kann man übrigens auch durch intensiven Hautkontakt mit frisch geschnittenen Pflanzenteilen aufnehmen.

Von vergleichbarer Gefährlichkeit, aber mit anderen Angriffsorten im menschlichen Körper, ist das Gift der auch Wunderbaum genannten Rizinuspflanze (*Ricinus communis*). Der ausgesprochen dekorative Rizinus ist im tropischen Afrika beheimatet, wird aber auch in Mitteleu-

4 Pflanzen – so ganz anders, als man denkt

ropa gerne als Gartenzierpflanze verwendet. Der Wirkstoff
Ricin ist vor allem in den Samen enthalten. Für den Menschen rechnet man mit einer kritischen Dosis von etwa
1 mg/kg Körpergewicht. Der Verzehr von nur acht Samen
kann also tödlich ausgehen. Bei direkter Injektion ist die
Giftwirkung etwa 1000-mal stärker – sie liegt dann bei unter 1 µg/kg Körpergewicht, womit Rizinus zu den giftigsten
Blütenpflanzen überhaupt gehört. Im Rizinusöl, das aus
den Samen für technische, medizinische oder kosmetische
Zwecke gewonnen wird, ist allerdings kein fatales Ricin
enthalten.

Gipfelstürmer: Höhenrekorde von Blütenpflanzen

An der Höhengliederung der alpinen Pflanzenwelt ist fast
liniengenau abzulesen, dass sich das Klima von unten nach
oben stufenweise ändert. Vom Kulturland über den Laub-
und den Nadelwaldgürtel bis zu den Zwergstrauch- und
Polsterpflanzenbeständen wird die Vegetation als Antwort
auf die geringeren Durchschnittstemperaturen mit zunehmender Höhe immer kleiner und lückenreicher. Erstaunlicherweise harren einzelne Blütenpflanzenarten aber selbst
in ziemlich ungemütlichen Hochlagen erfolgreich aus. Lange Zeit galt der weiß blühende Gletscher-Hahnenfuß (*Ranunculus glacialis*) – der Name ist sozusagen sein ökologisches Programm – den Höhenrekord, denn am Finsteraarhorn in den Schweizer Alpen fand man ihn blühend tatsächlich noch in 4250 m Höhe. Seit Kurzem wurde er zumin-

dest in den europäischen Alpen abgelöst vom Zweiblütigen Steinbrech (*Saxifraga biflora*), der nur 1–5 cm hoch wird. Er blühte zum Fundzeitpunkt geradezu erstaunlich üppig noch in 4450 m Höhe in der Gipfelregion der Mischabel-Gruppe im schweizerischen Wallis.

Höhenrekorde im Hochgebirge sind natürlich breitenabhängig. Am norwegischen Gletscher Glittertind stellt ein Vorkommen schon bei knapp 1800 m Höhe angesichts der dortigen klimatischen Verhältnisse eine absolut bewundernswerte physiologische Leistung dar. Entsprechend streben die Pflanzen in den äquatornäheren Breiten durchaus vernehmlicher nach Höherem. Am Kilimandscharo in Tansania gedeiht im arktischen Klima afrikanischer Hochlagen die Strohblume *Helichrysum newii* gar in 5670 m Höhe. Im Jahre 1955 fand man im Grenzgebiet von Tibet und Indien blühend (!) die Hahnenfußart *Ranunculus lobatus* sowie das Kreuzblütengewächs *Ermania himalayensis* noch bei 6360 m. Den derzeit absoluten Höhenrekord weltweit hält die Alpenscharte *Saussurea gnaphaloides* in 6400 m Höhe an der Nordflanke des Mount Everest. An ihrem wind-, aber auch stark sonnenexponierten Felshang ist sie sonst nur von Krustenflechten umgeben, die in der modernen Biologie aber nicht als Pflanzen, sondern als spezialisierte Pilze gelten. Im Himalaja kommen Flechten noch in rund 7400 m Höhe vor.

Sicherlich titanenhaft:
Der größte Blütenstand

Eine der spektakulärsten Erscheinungen im Pflanzenreich ist die nur in den Regenwäldern auf Sumatra vorkommende Titanenwurz (*Amorphophallus titanum*), eine enge Verwandte des ungleich bescheidener dimensionierten heimischen Aronstabs (*Arum maculatum*). Sie entwickelt nur ein einziges, allerdings mehrfach gefiedertes Blatt, das tatsächlich aussieht wie ein kleiner Baum – bis zu 6 m hoch, ungefähr ebenso breit und getragen von einem etwa 10 cm dicken Blattstiel. Auch der im Wechsel mit dem Blatt erscheinende Blütenstand sprengt alle sonst üblichen Dimensionen: Winzige männliche und weibliche Blüten sitzen an der Basis einer geradezu kolossalen, keulenförmig verdickten, bis über 3 m hohen, bleichen Blütenstandsachse. Sie wird von einem riesigen, trichterartig gefalteten, bis zu 1,5 m breiten Hochblatt eingehüllt. Beim Aufblühen verströmt der Blütenstand der Titanenwurz einen ziemlich üblen Aasgeruch und lockt damit die Weibchen nachtaktiver Käfer aus den Gattungen *Creophilus* und *Diamesus* an, die ihre Eier sonst in verwesende Tierkadaver legen. Beim Blütenbesuch erfolgt die Bestäubung. Da sich im gewaltigen Hochblatttrichter zeitweilig auch Regenwasser sammelt und Indische Elefanten gerne daraus trinken, ist es nicht nur theoretisch möglich, dass die Bestäubung der Titanenwurz ab und zu sogar durch die Dickhäuter erfolgt.

Hautattacke: Die heftigsten Brennhaare

Wer sich so richtig in die Nesseln setzt, fühlt sich konsequenterweise ziemlich unangenehm berührt. Für die
sprichwörtlich peinliche Eindringlichkeit der heimischen
Brennnesseln sind deren raffiniert konstruierte Brennhaare verantwortlich, die geradezu maliziös angelegte Gebilde
darstellen. Sobald ihr winziges, aber ziemlich sprödes Köpf-
chen selbst nach vorsichtiger Berührung erbarmungslos

wegbricht, dringt die verbleibende scharfkantige Haarspitze sofort in die Haut ein und entleert hier ihre biologisch hochwirksamen Zündstoffe auf ähnliche Weise, wie selbst ein teures Schreibpapier die Tinte aus Federhalter oder Füller allein durch Kapillarkraft an sich zieht. Von den beiden heimischen Arten wirkt die auf Ackerland vorkommende Kleine Brennnessel (*Urtica urens*) deutlich heftiger als die Große Brennnessel (*Urtica dioica*). Diese Spezies ist tatsächlich ein richtiges kleines Biest.

Große Brennnessel – ganz schön heftig, aber nicht die gefährlichste

Die gezielte Hautattacke beider Arten steht jedoch hinter der Wirksamkeit einiger ihrer Verwandten weit zurück: Tage- oder sogar wochenlange starken Schmerz verursachen die kurzen, steifen Brennhaare der tropischen Brennpflanzen (*Laportea*-Arten) – sie gelten als die wirksamsten Akteure, da ihre Kampfstoffe im Vergleich zu den heimischen Brennnesseln höher dosiert und auch ganz anders zusammengesetzt sind. Am bekanntesten ist die strauchförmige *Laportea moroides* aus dem nordöstlichen Australien. Die ebenfalls tropisch verbreiteten Arten *Laportea crenulata* und *L. decumana* können sogar vorübergehende Muskellähmungen auslösen.

Übrigens: Obwohl die Brennnesselgewächse nach ihren äußerst unangenehmen Effekten benannt sind, tragen die meisten Arten dieser umfangreichen Familie gar keine Brennhaare. Völlig harmlos ist beispielsweise das zu dieser Verwandtschaft gehörende Bubiköpfchen (*Soleirolia soleirolii*), eine beliebte Zierpflanze aus dem Mittelmeergebiet.

Ganz schön kernig: Die meisten Chromosomen

Chromosomen sind charakteristische, meist band- oder wurstförmig gestaltete Bestandteile der Zelle, die man unter dem Mikroskop normalerweise nur bei der Teilung der Zellkerne sehen kann. Etwas vereinfacht könnte man sie als Umzugskartons der Gene bezeichnen. Ihre Anzahl ist innerhalb einer Art konstant und jeweils arttypisch. So besitzt der Mensch normalerweise 46 Chromosomen, die nächst verwandten Menschenaffen wie Schimpanse und Gorilla dagegen 48. Bei der Evolution zum Menschen hat offenbar eine folgenreiche Verknüpfung zweier Chromosomen stattgefunden. Ein Pferd hat 64, eine Amsel 80, ein Goldfisch 94 und ein Karpfen 104. Bei den Pflanzen zeigen sich ebenfalls erhebliche Unterschiede in den Chromosomenzahlen, die wiederum nicht mit der Entwicklungshöhe der Arten zusammenhängen: Bei Küchenzwiebel, Klatschmohn und Walderdbeere sind es nur 14, beim Kulturweizen je nach Sorte 14, 28 oder 42, beim Feldahorn 46 und bei der Kartoffel 48. Die Weltrangliste wird indessen angeführt von einigen Farnpflanzen – fast alle Arten weisen ziemlich große Zahlen von recht kleinen, fast kugelrunden und daher kaum unterscheidbaren Chromosomen auf: Der Wurmfarn hat 164, der Ackerschachtelhalm 216 und die in Mitteleuropa leider selten gewordene Natternzunge sogar 480.

Eingebaute Reißleine: Die längste Faser

Die Natur hat die Landpflanzen mit einem geradezu fantastischen Mittel ausgestattet, um großartig in Form zu bleiben: Fasertechnik heißt die perfekte Lösung. Als stark beanspruchbare Konstruktionselemente sitzen besondere Fasern in Stängeln und Blättern und garantieren hier höchste Zugfestigkeit, obwohl sie auf dem Höhepunkt ihrer Karriere biologisch bereits tot sind. Diese bemerkenswert praktischen und nützlichen Eigenschaften von Pflanzenfasern hat der Mensch schon vor Jahrtausenden entdeckt und nutzt sie in zahlreichen Hightechtextilien vom knappsten Designerbikini bis zur unverwüstlichen Jeans.

Die botanische Faser, auch Einzel- oder Elementarfaser genannt, besteht aus einer langgestreckten, dickwandigen, aber ziemlich flexiblen einzelnen Zelle mit spitz zulaufenden Enden. Diese Zellen sind die größten bekannten Bausteine unter den Landpflanzen und beim Hanf (*Cannabis sativa*) etwa 5 cm, bei der Brennnessel (*Urtica dioica*) bis zu 6 cm und bei der Ramiepflanze (*Boehmeria nivea*) bis zu 18 cm lang. Von der botanischen ist begrifflich und sachlich die technische Faser zu unterscheiden: Sie stellt jeweils ein Bündel oder einen Strang miteinander verwachsener Einzelfasern dar und wird auch in dieser Form als verspinnbares Gut gewonnen. Sie werden bei der Ramiepflanze bis etwa 2 m lang. Im Vergleich dazu stehen die technischen Faserlängen von bis zu 1 m Länge beim heimischen Flachs (*Linum usitatissimum*) und bis zu 2,2 m beim Hanf (*Cannabis sativa*) gar nicht so schlecht da. Rekordlängen zeigt der Neuseeländische Blatthanf (*Phormium tenax*) mit technischen Fasern von über 3 m Länge.

Heftiges Kalorienbömbchen: Die fetteste Frucht

Samen und Früchte sind meist enorm energiereich – und nur darum können sie Tier und Mensch als Nahrung dienen. Während die Energiedepots in den Samen pflanzenseitig eher als Starthilfe für die Keimlinge angelegt sind, ist das angenehm schmeckende umgebende Fruchtfleisch für die Konsumenten sozusagen Verführung pur – sie sollen die unverdaulichen Samen nach Magen-Darm-Passage möglichst weit ausbreiten. Den Energievorrat der Früchte machen zu einem großen Teil Kohlenhydrate aus, in einigen Fällen aber auch Fette bzw. Öle. Besonders hochkalorienhaltige Pflanzenteile nutzt der Mensch schon seit langem als Lieferant für Speisefette (Salatöl, Margarine) oder für technische Zwecke.

Die fettesten Früchte sind nach der Avocado (mit ungefähr 30 % Fettgehalt im frischen Fruchtfleisch) und der Olive (mit bis zu 50 %) die Früchte der afrikanischen Ölpalme (*Elaeis guinensis*) mit einem Fettanteil von rund 70 %. Das daraus gewonnene Palmöl geht fast ausschließlich in die Margarineproduktion. Die fettesten Samen sind nicht die Erdnüsse (*Arachis hypogaea*, Anteil etwa 50 %) oder die Kakaobohnen (*Theobroma cacao*, Anteil bis 58 %), deren Kalorien als Partysnack oder Schokolade relativ zuverlässig auf den Hüften landen, sondern die Samen aus den Kapselfrüchten des Oiticiabaumes (*Licania rigida*) aus Brasilien mit bis zu 83 %. Dessen Öl wird vor allem für technische Zwecke gewonnen.

Superschlank und schlangenlang: Die längste Frucht

Im heimischen Frucht- und Gemüsehandel versteht man unter einer Schlangengurke fast immer eine Salatgurke, nämlich die dunkelgrüne Beerenfrucht der üblichen Gurkenart *Cucumis sativus*. Sie ist meist um die 40 cm lang und weist einen EU-genormten Krümmungsradius auf. In Mitteleuropa wird sie meist in Gewächshäusern, seltener auch direkt im Freiland oder im Garten gezogen. In Ost- und

Südostasien ist eine Schlangengurke dagegen botanisch eine völlig andere Art, nämlich ein Exemplar von *Trichosanthes cucumerina*. Sie gehört jedoch der gleichen Pflanzenfamilie an wie die üblichen Gartengurken. Um Verwechslungen auszuschließen, bürgert sich in Fachkreisen zunehmend der Name Schlangenhaargurke ein – obwohl Schlangen überhaupt keine Haare haben.

Die Blütenkronen sind reinweiß und am Rand auffällig lang bewimpert. Geradezu spektakulär ist aber die Gurke der Schlangenhaargurke: Auch sie stellt eine Beerenfrucht dar, wächst hängend mit vielen schlangenartigen Windungen und Verbiegungen und hat auch genau die passenden Maße: Bei etwa 4–10 cm Dicke wird sie tatsächlich bis über 2 m lang. Damit sie noch ein wenig länger als normal wird, beschwert man in den Anbaugebieten das Ende der wachsenden Frucht zusätzlich mit Steinen. Reif trägt die Frucht einen feinen wachsigen Belag und erscheint daher grünlich weiß. Außer in ihrer asiatischen Heimat wird sie heute auch in Afrika oft als Gemüse angebaut. In Europa ist sie wegen der ungewöhnlichen Früchte fast nur in Botanischen Gärten zu sehen.

Echt ätzend: Die sauerste Frucht

Wenn man herzhaft in eine frische Zitrone beißt, schwindet zuverlässig der Glanz aus den Augen. Der schlichte Grund dafür sind die im Fruchtfleisch in Mengen gespeicherten Fruchtsäuren (vor allem Äpfel- und Zitronensäure, ein wenig aber auch die Ascorbinsäure, Vitamin C), die den pH-Wert eben zuverlässig in den Keller treiben. Dieses Geschmacksereignis wäre durchaus steigerungsfähig: Die Antillenkirsche (*Malpighia glabra*) ist ein immergrüner kleiner Baum oder Strauch mit abstehenden, stark verzweigten Ästen und behaarten Zweigen. Ihre Steinfrucht ist kirschartig, etwa 1 cm groß, etwas länglich mit feiner Spitze, angedeutet 3-lappig und schmeckt durch ihren hohen Zitronensäuregehalt wirklich extrem sauer. Der Ursprung der Art liegt in Mittelamerika und auf den Antillen. Sie wird aber heute auch in Südostasien, in den USA (Hawaii) und in Südamerika vor allem wegen ihres beachtlichen Vitaminreichtums kultiviert. Die Früchte werden roh wegen ihres außerordentlich sauren Geschmacks kaum verzehrt. Man erntet sie daher überwiegend zur Saftgewinnung, mit dem man andere Fruchtsaftmischungen aromatisiert und vitaminisiert.

Antillenkirschen enthalten außerdem bis zu 200-mal so viel Vitamin C wie ein Apfel, nämlich rund 4000 mg/100 g essbarem Anteil und weisen damit den höchsten Vitamingehalt aller bekannten Obst- und Gemüsearten auf. Da Vitamin C eine Säure darstellt, wie ihr anderer Name Ascorbinsäure betont, verwundert der saure Geschmack und das anschließende Gewässer in den Augen einen Naturstoffchemiker nur wenig.

Köstliche Stinkbombe: Übel für die Nase, köstlich für den Gaumen

In den Regenwäldern Südostasiens, vor allem in Malaysia, Indonesien und Sri Lanka, wächst der Durian oder Zibetbaum (*Durio zibethinus*), ein immergrüner, dicht belaubter Baum mit breiter Krone bis zu ansehnlichen 30 m Höhe. Seine grünliche, stachelspitzige Kapselfrucht wird etwa kopfgroß und bis zu 3 kg schwer. Sie enthält zahlreiche, ungefähr kastaniengroße Samen, die jeweils von einem cremeweißen, weichen Samenmantel eingehüllt sind. Diese Samenmäntel stellen das essbare Obst dar. Man verwendet sie roh als Frischobst oder gezuckert als Dessert.

In der kulinarischen Wertschätzung dieser Frucht gehen die Meinungen allerdings weit auseinander, denn es besteht doch ein arges Missverhältnis zwischen Geruch und Geschmack: Die geradezu diabolisch durchdringende Duftnote der reifen Frucht entspricht der penetranten Mischung aus einer heftig durchfeuchteten alten Socke und faulen Eiern – der Verzehr ist daher in vielen Hotels ebenso untersagt wie die Mitnahme im Flugzeug. Auch die Lagerung in geschlossenen Räumen ist nicht zu empfehlen. Das geschmackliche Aroma stellt sich indessen völlig anders dar und wird als kräftige Vanille-Mandel-Himbeer-Karamel-Sherry-Note beschrieben. In Südostasien gehört die Durianfrucht tatsächlich zu dem am meisten geschätzten Obst. Gebietsweise hat man sogar das Aufsammeln der Früchte unter wild wachsenden Bäumen gesetzlich geregelt, um Prügeleien unter den Fruchtliebhabern auszuschließen.

Gewiss grenzwertig:
Das süßeste Früchtchen

Unter einem süßen Früchtchen versteht man zwar subjektiv ein nicht unbedingt vegetabiles und anregendes Appetithäppchen zum Anbeißen, aber somit objektiv nicht immer ein zuckeriges Obst. Da sich Süßes im Unterschied zur fruchtigen Säure nur relativ schlecht bis gar nicht in Zahlen (etwa vergleichbar den pH-Werten) fassen lässt, wählt man meist den Umweg über den tatsächlich messbaren Zuckergehalt in Prozent. In diesem Maßsystem führen die Früchte der Dattelpalme (*Phoenix dactylifera*) die Rekordliste mit großem Abstand an. Erntereif weisen sie einen Zuckergehalt von 50 % auf – sie konservieren sich gleichsam von selbst und sind somit lange Zeit lagerungsfähig. Marktübliche, noch ein wenig nachgetrocknete Datteln enthalten sogar bis zu 80 % Zucker. Selbst in einer „zuckersüßen" Erdbeere sind es höchstens 6 %. Der Zuckergehalt dieser Früchte besteht aus gleichen Teilen Traubenzucker (Glucose) und Fruchtzucker (Fructose), wobei die Fructose rund 1,5-mal so süß schmeckt wie die etwas schlaffe Glucose.

Uraltes Kleinholz:
Sträucher sind die ältesten Gehölze

Obwohl Baumgestalten wie die kalifornischen Mammutbäume oder die geradezu gigantische Montezuma-Sumpfzypresse (*Taxodium mucronatum*) zweifellos imposante Pflanzen sind und mit ihren beeindruckenden Abmessungen in jede Auflistung ungewöhnlicher Arten gehören, sind die Rekordhalter unter den ältesten Pflanzen keine wuchtigen Baumriesen, sondern eigenartigerweise eher unspektakuläre Sträucher: Für ein Exemplar des Kreosotbusch (*Larrea tridentata*) in der Mojave-Wüste nahe Palm Springs/Kalifornien ergab die Radiokarbondatierung von Wurzelholz ein Alter von immerhin 11.700 Jahren. Eine in Pennsylvania wachsende Kolonie der zu den Heidekrautgewächsen gehörenden Strauchart *Gaylussacia brachycera* wird aufgrund ihrer Wachstumsraten sogar auf rund 13.000 Jahre geschätzt und wäre damit ein aktuell Überlebender der letzten Eiszeit. Seit wenigen Jahren gibt es jedoch einen exakt datierten Rekordhalter, der das älteste noch vital existierende Lebewesen überhaupt darstellen dürfte: An einer unzugänglichen Stelle im Unterholz des Regenwaldes an der sturmgepeitschten Pazifikküste Tasmaniens entdeckte Deny King 1999 den Klon einer *Lomatia tasmanica* genannten und zur Familie der Proteagewächse gehörenden Strauchart. Sie nimmt hier eine Fläche von 1,2 km^2 ein. Und auch das ist ein Rekord: Nur dieses eine aus etwa 500 Stämmchen bestehende Individuum ist bekannt. Aus verkohltem Holz der Art vom gleichen Wuchsort und fossilen Blättern, die mit den noch lebenden genetisch identisch sind, haben australische Forscher durch Radiokarbondatierung (^{14}C-Methode) ein Alter von rund 43.000 Jahren bestimmt.

Die *Lomatia*-Pflanzen blühen zwar, fruchten aber nicht, weil sie fatalerweise einen dreifachen statt des normalen zweifachen Chromosomenbestandes aufweisen. Solche Abweichungen bringen immer Fruchtbarkeitsstörungen mit sich. *Lomatia tasmanica* vermehrt sich daher nur vegetativ durch Wurzelsprosse und könnte also der sterile Bastard aus zwei nahe verwandten anderen *Lomatia*-Elternarten sein, von denen eine noch in Tasmanien vorkommt, die andere aber vermutlich ausgestorben ist.

Ein ziemlich starkes Stück: Der kräftigste Halm

Worüber soll man mehr staunen – über die ausgesprochen grazile Gestalt eines Grashalmes oder über seine beachtliche Statik? Die Halme können bei vielen heimischen Wildgrasarten zwar über 1 m hoch werden, sind an der Basis aber dennoch nur ungefähr 3 mm dick. Das Schlankheitsverhältnis (Quotient Durchmesser zu Höhe) liegt demnach im Bereich von etwa 1:400. In technische Dimensionen übersetzt bedeutet dies schlicht Folgendes: Fernmeldetürme, Fabrikschornsteine oder andere himmelstürmende Hochbauten dürften bei 100 m Höhe an der Basis allenfalls 25 cm Durchmesser aufweisen. Davon sind wir in der Realität allerdings weit entfernt. Es ist also ein ziemlich starkes Stück, was uns selbst ein simpler Grashalm vorführt.

Das gleiche Leistungsprofil weisen Bambusrohre auf. Alle Bambusarten gehören zu den Süßgräsern. Ihre unverzweigten Achsen sind ebenfalls hohl und nur im Bereich der Knoten durch eine Querwand gekammert. Im Unterschied zu den krautigen Gräsern sind die Rohrwände stark verholzt und im Oberflächenbereich durch massive Kieselsäureeinlagerungen zusätzlich verstärkt – kein Wunder, dass sich daran so manche Säge die Zähne ausbeißt. Da Bambus anders als ein Baum kein nachträgliches (sekundäres) Dickenwachstum aufweist, ist der hohle Stamm auch des höchsten Bambus im Prinzip ein holziger Halm, selbst bei mehr als 25 cm Durchmesser und bis 40 m Höhe. Diese Holzhalme sind bezogen auf ihre Reißfestigkeit von 40 kp/mm² erstaunlicherweise ebenso stabil wie Stahlrohre. In Hongkong oder Shanghai verwendet man sie daher selbst bei Hochhausneubauten als Gerüstmaterial. In China überspannte eine Bambushängebrücke rund 1000 Jahre lang den Min-Fluss, ehe sie im Jahre 1998 von einem Hochwasser weggerissen wurde.

Fast wie Luft: Das leichteste Holz

Besonders leichte Nutzholzarten bezeichnet man im internationalen Fachhandel als Korkhölzer, was botanisch nicht ganz korrekt ist, weil der Flaschenkork (spezifisches Gewicht 0,15) ein Produkt der Rinde der Korkeiche (*Quercus suber*) und daher gar kein Holz ist. Holz ist nach botanischer Festlegung immer das sekundäre Xylem, das innerhalb des wachstumsaktiven Kambiumrings abgelagert wird. Für die Anschauung ist es dennoch hilfreich: Das superleichte und bei Modellbauern seit Jahrzehnten beliebte Balsaholz stammt von der südamerikanischen Baumart *Ochroma pyramidale* und hat ein spezifisches Gewicht von nur 0,18. Noch leichter und sogar weniger dicht als Flaschenkork ist das aus Afrika stammende Moreaholz aus der Familie der Malvengewächse mit einer Dichte von nur 0,14.

Knallhart: Das schwerste Holz

Holz ist ein wunderbarer Werkstoff, der in allen Kulturen und Epochen für alle möglichen Zwecke verwendet wurde. Auch die längst zurückliegenden Stein- und Metallzeiten waren insofern ebenso „Holzzeiten" wie unsere Gegenwart, wo Holz vom Dachbalken bis zum Zahnstocher vielfältig im Einsatz ist. Weltweit verwendet man das Holz von tatsächlich rund 15.000 verschiedenen Nutzholzarten. Dieser wertvolle Werkstoff ist demnach absolut unentbehrlich.

Holz, das für die Statik angelegte und im funktionstüchtigen Zustand tote Dauergewebe von Sträuchern und Bäumen, weist natürlich artspezifische Unterschiede in der Härte und damit in seinen Verarbeitungsmöglichkeiten auf. Solche Eigenschaften hängen mit der Dicke und Dichte der Zellwände im Holzgewebe sowie mit ihrem Verholzungsgrad zusammen. Sie lassen sich zahlenmäßig recht einfach mit dem spezifischen Gewicht ausdrücken. Diese Zahl gibt an, wievielmal schwerer ein bestimmtes Holz als ein gleich großes Volumen Wasser (spezifisches Gewicht = 1) ist.

Die meisten in Mitteleuropa heimischen oder forstlich kultivierten Nutzhölzer haben ein spezifisches Gewicht von deutlich unter 1: Bei der Fichte (*Picea abies*) beträgt es 0,45, bei der Wald-Kiefer (*Pinus sylvestris*) 0,49, bei der Winter-Linde (*Tilia cordata*) 0,52 und bei der Rot-Buche (*Fagus sylvatica*) 0,74. Alle diese Hölzer schwimmen daher auf dem Wasser. Manche außereuropäischen Baumarten entwickeln dagegen Holz, das im Wasser untergeht. Das spezifische Gewicht beträgt beim australischen Eisenholzbaum (*Metrosideros umbellata*) 1,04, beim indischen Ebenholzbaum (*Diospyros ebenum*) 1,1, beim südamerikanischen Pockholz (*Guajacum officinale*) 1,23 und beim Rekordhalter Kokosholz (*Cocos nucifera*) 1,4. Zum Vergleich: Die beiden leichtesten Metalle Kalium und Natrium haben ein spezifisches Gewicht von 0,86 bzw. 0,97.

Eindringliche Warnung: Der gefährlichste Kaktus

Aus der Entfernung könnte man sie für winkende Teddybären oder andere seltsam verrenkte Kuscheltiere halten, aber aus der Nähe zeigt sich sofort, dass die so knutschig-fellig aussehenden Strauchkakteen ein ziemlich aggressives Äuße-

res aufweisen: Schon bei der leisesten Berührung lösen sich nämlich ihre dicht stehenden, 3–4 cm langen, unverschämt spitzen und mit zahlreichen kleinen Widerhaken bewehrten Dornen ab und durchdringen mit Leichtigkeit die Kleidung und sogar Schuhe (insbesondere Sneakers) – und konsequenterweise auch ziemlich erfolgreich die Haut, wo sie schlecht heilende Wunden und meist auch Entzündungen

hervorrufen. Weil die Dornen zudem noch leicht zerbre-
chen, durchwandern die Fragmente auch schmerzhaft die
betroffenen Körperregionen, bis sie irgendwo wieder zum
Vorschein kommen. Auch die kurzen, runden Äste zerlegen
sich sehr leicht, denn so vermehrt sich die Pflanze vegetativ.
Die ersten Siedler gaben ihr daher den Namen „jumping
cholla", weil sie den Eindruck hatten, dass der Kaktus
sie beim Durchstreifen des Geländes regelrecht anspringt.
Chollas, nach dem mexikanischen Wort für Strauchkakteen, kommen in den Halbwüsten der südwestlichen USA
vor und sind nahe Verwandte der aus dem Mittelmeerraum
bekannten Opuntien oder Feigenkakteen. Der bis zu 4 m
hohe Jumping Cholla trägt den botanischen Namen *Opuntia fulgida*, die sehr ähnlich aussehende Spezies Teddybear
Cholla *Opuntia bigelovii*.

Skinheads auf der Fensterbank:
Der glatteste Kaktus

Mit dem Begriff Kaktus verbindet man normalerweise eine
ziemlich widerborstige, rundum mit superschlanken Spitzen bewehrte Pflanzengestalt, die man nicht einmal mit dicken Handschuhen schmerzfrei anfassen kann. Was sich so
eindringlich gegen den Angreifer richtet, sind immer umge-
wandelte Blätter und deswegen Dornen. Stacheln kommen
bei Kakteen nicht vor, auch wenn diverse Notierungen zum
angeblichen stachligen Äußeren dieser interessanten Pflanzen im Umlauf sind. Ausnahmsweise gibt es in dieser typenreichen Familie aber auch einige Arten mit stark ver-
lichteter oder sogar gänzlich fehlender Bedornung: Die aus

gutem Grunde Weidenruten- oder Binsenkakteen der Gattung *Rhipsalis* sind völlig glatt und deswegen betont fingerfreundlich. Alle *Rhipsalis*-Arten leben epiphytisch im Geäst der Regenwaldbäume und entwickeln große, meist weiße Blüten, die nur von Fledermäusen bestäubt werden. Die auch als Zimmerpflanzen verbreitete *Rhipsalis baccifera* ist übrigens gleichzeitig die einzige Kakteenart, die von Natur aus außerhalb der Neuen Welt vorkommt. Die Art ist in Afrika und eigenartigerweise auch in Madagaskar sowie in Sri Lanka verbreitet.

Zweifellos ein Riesenkandelaber: Der größte Kaktus

Niedlich sind sie anzusehen, selbst wenn sie ziemlich un-handlich sind – die kleinen, kugeligen, warzigen, wolligen oder sonstwie versponnenen Kakteen im Hobbymarkt mit ihren auffälligen, kräftig gefärbten Blüten. Kaum vorstell-bar, dass diese dornenbewehrte Verwandtschaft in der Natur auch mit richtigen Strauch- und Baumgestalten vertreten ist. Man sah sie früher in alten Wildwestfilmen mit John Wayne oder fallweise auch als Staffage des späteren US-Prä-sidenten Ronald Reagan. Das solchermaßen inszenierte, imposanteste und größte Mitglied der Familie der Kak-teengewächse (Cactaceae) ist der Kandelaberkaktus oder Saguaro (*Carnegiea gigantea*). Er kommt in den großen Wüstengebieten (Sonora und Mojave) der südwestlichen USA und Nordmexikos vor und erreicht eine Höhe von bis zu 16 m. Im unteren Drittel sind die säuligen Stämme bis zu 1 m breit und verzweigen sich oben mit wenigen, aber mehr als armdicken Seitenästen. Bis über 200 Jahre kann ein solcher Baumkaktus alt werden.

Für das Überleben in den trockenheißen (Halb-)Wüsten des südlichen Nordamerikas ist er übrigens bestens vorbe-reitet: In den Stämmen kann ein ausgewachsenes Exemplar bis etwa 3 m^3 Wasser speichern und damit auch längere niederschlagsarme Zeiten hervorragend überbrücken. Als Stammsukkulent weist der Saguaro nämlich ein bemer-kenswert günstiges Volumen-Oberflächen-Verhältnis auf und kann mit der lebenswichtigen Ressource Wasser auch deswegen äußerst sparsam wirtschaften, weil er produktionstechnisch besonders raffinierte Verfahren einsetzt, die man unter dem Stichwort CAM-Stoffwechsel nachlesen kann. Die charakteristische Kandelabergestalt ist übrigens das Nationalemblem des US-Bundesstaates Arizona, die prächtige, blendendweiße, aber nur eine Nacht lang aktive Blüte ist die „Arizona State Flower".

Hautkonflikte: Der gefährlichste Kontaktstoff im Pflanzenreich

In botanischen Gärten dürfen sie nur hinter Gittern wachsen. In ihrer nordamerikanischen Heimat warnen zumindest in den stärker besuchten Nationalparks Bildtafeln vor der unvorsichtigen Berührung eines „poison ivy": Die beiden Sumacharten *Rhus radicans* und *Rhus toxicodendron* haben es nämlich wirklich und sehr buchstäblich in sich.

Gewiss: Betont hautfeindliche Pflanzen gibt es überall. Wer bei der Gartenarbeit an den Rosen hängen bleibt, sieht anschließend aus wie nach der Attacke eines wütenden Katers. Bei manchen Arten ist das Risiko für unsere feinfühlige Fassade jedoch nicht so offensichtlich wie beim vielspitzigen Stechginster (*Ulex europaeus*) oder vergleichbaren Dornsträuchern, die eine durchaus großflächige Akupunktur in Aussicht stellen. Zu den völlig harmlos und unverdächtig erscheinenden Pflanzen gehören eben auch die beiden nordamerikanischen Giftsumache sowie einige weitere Arten der Gattung, die in Ostasien beheimatet sind. Sie enthalten in ihrem Milchsaft Stoffe, die als stärkste pflanzliche Kontaktallergene gelten: Bei empfindlichen Personen löst bereits das bloße Berühren von Pflanzenteilen schwere Hautentzündungen aus. Erst recht kann es zu lebensbedrohlichen allergischen Schockreaktionen kommen, wenn man sich irgendwann einmal mit Kleinstmengen des Milchsaftes sensibilisiert hat. Die zu Recht gefürchteten Inhaltsstoffe heißen Urushiole. Sie liegen in den *Rhus*-Arten meist als Gemische ähnlicher Verbindungen vor.

Der in Parks und Gärten häufig gepflanzte und mit einer
überaus prächtigen Herbstfärbung erfreuende Essigbaum
(*Rhus typhina*) ist ein enger Verwandter der inkriminierten
Giftsumache, aber zum Glück völlig harmlos.

Total verinselt: Der seltenste Laubbaum

Endemiten nennt man Arten, die nur in einem kleinen
Verbreitungsgebiet vorkommen. Naturgemäß weisen kon-
tinentferne Inseln den höchsten Anteil endemischer Pflan-
zen- und Tierarten auf – fast alle diese Arten sind im
Bestand gefährdet oder sogar hochgradig bedroht. Dazu
gehörte auch der auf der Osterinsel beheimatete Toromiro (*Sophora toromiro*), ein kleiner Baum bis etwa 5 m
Wuchshöhe mit kräftig gelben Schmetterlingsblüten. Seine
erste Beschreibung gab Georg Forster (1754–1794), der
James Cook (1728–1779) auf dessen zweiter Südseereise
(1772–1775) begleitete. Nachdem man jedoch die schon
frühzeitig weitgehend entwaldete Osterinsel auch noch als
Weidegebiet für die von den Europäern im 19. Jahrhundert eingeführten Haustiere nutzte, war der Niedergang
der ursprünglichen Vegetation praktisch besiegelt. Der
schwedische Forschungsreisende Thor Heyerdahl (1914–
2002) brachte von seiner Osterinselexpedition (1955–
1956) glücklicherweise einige Samen des vermutlich letzten Toromiroexemplars mit nach Göteborg, wo man im
Botanischen Garten einige Sämlinge aufzog. Ein Mitte
der 1990er-Jahre in der Gehölzsammlung des Botanischen
Gartens Bonn entdecktes und vermutlich aus Göteborg
stammendes Toromiroexemplar gab Anlass zu dem Projekt,
eine Wiedereinführung dieser endemischen Baumart auf

die Osterinsel anzugehen. Die dazu eigens angezogenen 200 Sämlinge haben jedoch die von den zuständigen chilenischen Behörden verordnete 2-jährige Quarantäne wegen extremer Vernachlässigung nicht überstanden, sodass das aussichtsreiche Wiederansiedlungsvorhaben vorerst bedauerlicherweise gescheitert ist.

Überraschungsfund:
Der seltenste Nadelbaum

Im Frühherbst 1994 entdeckte David Nobilis in einer feuchten Schlucht des Wollemi-Nationalparks in den berühmten Blue Mountains bei Sydney eine Baumart, deren

nächsten Verwandten man bis dahin nur fossil aus der Jura-
bzw. Kreidezeit kannte. Die unbekannte Art erhielt den
Namen des Wuchsgebietes sowie des Entdeckers und trägt
nun den wissenschaftlichen Namen *Wollemia nobilis*. Als
deutschen Namen könnte man die Bezeichnung Wollemie
wählen; der gelegentlich auftauchende Artname Wollemi
Pine ist unzutreffend, denn *Wollemia* gehört nicht zu den
Kiefern-, sondern zu den Araukariengewächsen. Im Aussehen erinnert sie eher an eine Eibe, trägt allerdings deutlich
größere und ziemlich lederige Flachnadeln.

Von diesem lebenden Fossil kennt man unterdessen drei getrennte Populationen mit zusammen etwa 100 Individuen. *Wollemia*, die am natürlichen Standort eine Wuchshöhe von bis zu 40 m erreicht und eine schlank säulenförmige Krone entwickelt, ist damit die am stärksten gefährdete Gehölzart Australiens. Am Forstforschungsinstitut in Queensland hat man daher eine Methode zur vegetativen Vermehrung entwickelt, um die Art auch anderenorts in Erhaltungskultur zu nehmen. Seit 2006 kann man Jungpflanzen dieses außergewöhnlichen Nadelholzes unter anderem in den Botanischen Gärten von Bayreuth, Berlin, Bonn und Frankfurt sehen.

Eleganter Bogen: Das längste Nadelblatt

Von dem zur Weihnachtszeit gehandelten Schmuckgrün kennt man die flachen, kantigen, biegsamen und fallweise auch ziemlich starr stechenden Nadeln allenfalls als etwa 3–4 cm lange Gebilde. Bei den als Zier- und Forstgehölzen verwendeten Kiefern gehen die Nadelabmessungen dagegen oft schon über Fingerlänge hinaus. Noch deutlich länger sind sie beim Weltrekordinhaber unter den Nadelhölzern: Bei der auf den Kanarischen Inseln heimischen Kanaren-Kiefer (*Pinus canariensis*), die in den Bergwäldern von Teneriffa oder La Palma bestandsbildend wächst, sind die im Doppelpack stehenden, recht dünnen und daher bemerkenswert flexiblen Nadelblätter bis etwa 40 cm lang.

Schmeichlerische Megafrucht: Die dickste Nuss

Zur Reifezeit dieser Palmenfrucht ist unbedingt Vorsicht oder zumindest ein Schutzhelm empfohlen: Mit bis zu 25 kg Gewicht ist die Frucht der auf der Inselgruppe der Seychellen im Indischen Ozean beheimateten Fächerpalme *Lodoicea maldivica* der Rekordhalter unter den Baumfrüchten. Botanisch korrekt handelt es sich dabei um den Kern einer Steinfrucht ähnlich wie bei der Kokospalme, doch umgangssprachlich bezeichnet man sie einfach als Riesennuss. Von den frühen Seefahrern nach Europa mitgebrachte Schalen waren äußerst begehrte Sammlerobjekte. Man schnitt sie auf, polierte sie auf Hochglanz, fasste sie in Edelmetall und verwendete sie bei Hof als kostbare Kredenzen. Angesichts ihrer ausgesprochen handschmeichlerischen Form – die nette Nuss erinnert in Abmessung und Gestalt tatsächlich an die Sitzfläche wohlproportionierter Mannequins vom Typ Naomi Campbell – tauchte schon bald der Verdacht auf, sie müsse wohl ein kräftiges Aphrodisiakum enthalten. Detaillierte und über bloße Mutmaßungen hinausgehende Erfahrungsberichte sind indessen nicht überliefert.

Schon vor über 400 Jahren fischten portugiesische Seefahrer im Indischen Ozean solche treibenden Palmnüsse auf: Magellán berichtete nach seiner ersten Weltumsegelung (1519–1521) von diesen Funden auf hoher See und vermutete, die Riesennuss müsse von einem Baum stammen, der auf dem Meeresboden wächst. Der Portugiese Garcia de Orta beschrieb sie 1563 genauer und wies sie einer Baumart zu, die auf einer damals noch vermuteten und angeblich untergegangenen Landverbindung zwischen der Inselgruppe Malediven und dem Indischen Subkontinent gewachsen sein soll.

Tatsächlich verfrachten vom Monsun heftig angetriebene Oberflächenströmungen im Indischen Ozean die leeren Nüsse von den Seychellen bis zu den 1600 km entfernten Malediven und manchmal sogar bis zu den Küsten Indiens oder Indonesiens. Als „coco de mer" oder „sea coconut" tauchen sie regelmäßig im Schrifttum des 17. und

18. Jahrhunderts auf. Woher die Nuss nun wirklich stammt, blieb jedoch bis 1768 unklar. Damals besuchte der französische Landvermesser Georges Barrée die kleine Insel Praslin im Seychellen-Archipel, fand am Strand eine solche Riesennuss und entdeckte im dichten Inselregenwald auch bald die fruchttragenden Fächerpalmen. Das kleine, nur wenige Hektar große Originalvorkommen auf Praslin ist heute Nationalparkgebiet. Erst um 1800 erschien in Paris die erste moderne Beschreibung der jetzt *Lodoicea seychellarum* genannten Palme. Später wurde dieser Name zum verbreitungsgeografisch unrichtigen, aber den strengen Benennungsregeln genügenden *Lodoicea maldivica* abgeändert.

Ursprünglich war die endemische Palme nur auf fünf der insgesamt 28 Granitinseln des Seychellen-Archipels beheimatet. Heute kommt sie nur noch in etwa 4000 Exemplaren auf Praslin und auf der benachbarten Insel Curieuse vor. Auf der Seychellen-Hauptinsel Mahé wurde sie allerdings vielfach angepflanzt, auch im dortigen Botanischen Garten der Hauptstadt Victoria. Als Baum wird die Art ungewöhnlich groß – bis 40 m hoch und 800 Jahre alt. Einzelne Blätter sind mit Blattstiel bis 12 m lang und so schwer, dass selbst eine kräftige Person sie kaum alleine tragen kann. Männliche und weibliche Blüten entwickeln sich auf verschiedenen Pflanzen. Sieben Jahre dauert es von der Bestäubung bzw. Befruchtung bis zum Abschluss der Samenreife. Wenn die Giganuss vom Baum fällt – sie könnte einen glatt erschlagen – und am Regenwaldboden liegt, benötigt sie etwa 2 Jahre für die Keimung.

Spezieller Härtefall:
Eine hammerharte Nuss

„Das ist aber eine harte Nuss", mag schon so mancher über einem schwierigen Problem geseufzt haben. Alle anderen Nüsse sind – unter konsequenter Anwendung der Hebelgesetze – mit dem praktischen Nussknacker erfolgreich zu bewältigen. Angesichts solcher mechanischer Patentwerkzeuge ist es allerdings erstaunlich, dass selbst Kleintiere wie Eichhörnchen oder sogar diverse Waldmäuse Nüsse nur mit ihrem Gebiss knacken können. Hätten sie es allerdings mit Paranüssen zu tun, würden sie womöglich dennoch scheitern, denn die wurden von der Natur als fast uneinnehmbare Festung ausgerüstet. Selbst ein normaler Nussknacker schafft es kaum. Paranüsse öffnet man am besten tatsächlich mit dem Hammer.

Genau genommen sind Paranüsse keine richtigen Nüsse im botanischen Sinne, sondern extrem hartschalige Samen. Die eigentlichen Früchte sind kopfgroße, bis zu 2 kg schwere Kapseln mit stark verholzter und daher ebenfalls ziemlich widerstandsfähiger Wand. Jede Holzkapsel enthält rund 20 dreikantige, leicht gekrümmte Samen. Para*nüsse*, auch Brasilnüsse genannt, wachsen auf einem bis zu 50 m hohen, immergrünen Baum der Art *Bertholletia excelsa,* der zu den Deckeltopfbaumgewächsen gehört. Beheimatet ist er im Tiefland des Amazonas und des Orinoco in Südamerika. Die Nüsse benannte man nach dem früheren Ausfuhrhafen Parà. Wegen der schwierigen Bestäubungsbiologie und der langen Reifezeit der Früchte (bis zu 18 Monate) wird *Bertholletia* kaum in Plantagen angebaut. Die auf dem

Weltmarkt gehandelten Nüsse werden von November bis März in den Regenwaldgebieten von Hand aufgesammelt. Hauptexporteur ist Brasilien.

Die Holzkapseln öffnen sich nicht von selbst. In der Natur sind sie auf die Mithilfe von großen Nagetieren wie den Agoutiarten angewiesen. Die können die ölreichen und sehr schmackhaften Samen aber auch nur dann bewältigen, wenn deren steinharte Schale durch Mikroorganismen bereits leicht zersetzt ist. Übrigens: Die ernährungsphysiologisch durchaus wertvollen Proteine der Paranüsse rufen bei empfindlichen Personen mitunter starke Allergien hervor. Außerdem reichern Paranüsse eigenartigerweise seltene Spurenstoffe wie Barium, Caesium, Strontium und Cobalt an, auf uranhaltigen Böden sogar Radium – und dann ticken sie sogar.

Das Gras wachsen sehen: Die raschwüchsigste Pflanze

Bambus ist die Sammelbezeichnung für eine besondere Unterfamilie innerhalb der Süßgräser (Familie der Poaceae) mit stark verholzten und verkieselten Halmen, die ebenso stabil und tragfähig sind wie Baustahl. Rekordhalter ist der Riesenbambus (*Dendrocalamus giganteus*), der bis zu 40 m hoch wird und dabei – sorry – Halmdurchmesser von bis zu 30 cm erreicht. Im Unterschied zu konventionellen Bäumen, die jedes Jahr einen Zuwachsring von 1–2 mm Breite anlegen und dabei langsam dicker werden, ist der Durchmesser eines Bambus bereits in der Knospe festgelegt, selbst bei beeindruckenden Ofenrohrkalibern. Dafür können die Bambushalme geradezu unglaublich rasch in die Länge wachsen. Beim Riesenbambus hat man in der Hauptwachstumsphase im feuchtwarmen Klima seiner südostasiatischen Heimat eine tägliche Längenzunahme um bis zu 120 cm registriert. Meist ist der Tageszuwachs jedoch kleiner, aber selbst die 20–50 cm anderer Bambusarten sind eine ansehnliche und unangefochtene Leistung. Diese enorme Längenzunahme ist vor allem auf Streckungswachstum zurückzuführen: In den Halmabschnitten zwischen den Stängelknoten nehmen die Zellen nach vorheriger Zuckerbeladung aus den Blättern und dem Wurzelstock große Mengen Wasser auf und pumpen sich somit auf allen Etagen und nicht nur an der Halmspitze gleichsam hydraulisch auf. Erst später findet die Aussteifung der Zellwände mit Holzsubstanz und härtender Kieselsäure statt. Ob man aber je bedauernswerte Delinquenten höchst unliebsam mit Bambus exekutiert hat, indem man die Halme über Nacht durch deren Körper sprießen ließ, mag der Legendenbildung zuzuschreiben sein.

Überzeugender Erfolg: Die vermehrungsfreudigste Pflanze

Fast alle Pflanzen erzeugen durch Samenbildung weitaus mehr potenzielle Nachkommen, als die Erde nach einigen Generationen tragen könnte. Da jedoch nicht alle Samenkörner einen freien Platz finden oder erst gar nicht keimen (können), bleibt das Problem überschaubar und im Gleichgewicht. Wer der absolute Rekordinhaber unter den Blütenpflanzen ist, lässt sich nicht mit letzter Gewissheit festlegen, weil längst noch nicht von allen Arten die Vermehrungsraten genauer bekannt sind. Für Europa gibt es jedoch verlässliche Zahlen. Auf Platz 1 steht die weit verbreitete Weiß- oder Hänge-Birke (*Betula pendula*).

Der blanke Überfluss beginnt bereits im Frühjahr: Jedes der etwa fingerlangen männlichen Blütenkätzchen setzt etwa 5.000.000 Pollenkörner an die frische Frühlingsluft – bei rund 10.000 Kätzchen an einer ausgewachsenen Birke sind das rund 50.000.000.000 (50 Mrd.). Sie lösen nicht nur Frühlingsgefühle aus: Von dieser Massenaussendung erreicht nämlich ein gewisser Anteil ziemlich zuverlässig auch die Nasen und sonstigen Schleimhäute von Pollenallergikern und verursachen heftige Atemprobleme. Ebenso erfolgreich treffen sie aber auch auf die Narben der weiblichen Blütenstände: Ab Spätsommer sind die winzigen Nussfrüchte reif und segeln nach Art von kleinen Frisbeescheiben umher. Etwa 35.000.000 Exemplare davon setzt eine mittelgroße Birke in die Welt. Vergleichbare Zahlen bringen auch die heimischen Pappeln und Weiden zustande. Ihren Fortpflanzungserfolg kann man sogar sehen: Die Miniatursamen fliegen schon ab Frühsommer gleich wolkenweise umher. Wo sie massenhaft zu Boden gehen, sieht es fast so aus wie nach einem verspäteten Schneefall. Die etwa 50 Nüsse, die eine Kokospalme jährlich zur Reife bringt, nehmen sich im Vergleich dazu doch sehr bescheiden aus.

Realitätsflucht: Ab in die Trockenstarre

Ohne Wasser läuft nun wirklich nichts, und so sind auch alle Lebenstätigkeiten immer an die Verfügbarkeit von freiem Wasser gebunden. Das eröffnet den Organismen andererseits jedoch die Möglichkeit, sich zumindest zeitweilig aus dem aktiven Leben zu verabschieden und in eine Trockenstarre zu fallen, wenn es die äußeren Umstände erfordern. Die seltsamen Flechten, die als graue oder gelbe Flecken auf Gestein und Dachpfannen siedeln, überdauern die sommerliche Bratpfannentemperatur ihres Standorts nur durch die Flucht in die Trockenheit. Die ersten Regentropfen wecken sie daraus in Sekundenschnelle wieder auf, und dann herrscht in der Flechtenkruste wieder hektische Betriebsamkeit. Durch systematisches Austrocknen überstehen aber auch die höheren Pflanzen ungünstige Witterungsperioden: Bei der Samenreife werden die im Samenkorn enthaltenen Miniembryonen planmäßig so weit entwässert, dass kein aktiver Stoffwechsel mehr stattfinden kann. Rascheltrocken sitzen die Samen in Hülse, Kapsel oder Schote. Absolut wasserfrei sind sie dann allerdings nicht: Ihr Wassergehalt liegt immer noch bei etwa 5–11 %. Wenn man Erbsen aus der Tüte oder andere Pflanzensamen trocken in einem Reagenzglas erhitzt, schlägt sich rasch eine Anzahl feinster Wassertröpfchen an der Glaswand nieder.

Übrigens: So knochentrocken, wie es der Ausdruck unterstellt, ist selbst unser Skelett nicht: Säugetierknochen weisen immerhin einen Wassergehalt von 30–45 % auf.

Bei der Reife sinkt der Wassergehalt der Sonnenblumenkerne auf ein Minimum

Zwischen Pingpong und Bowling: Extreme bei den Pollenkörnern

Pollenkörner gehören zu den interessantesten Pflanzenzellen überhaupt. Sie sind als Kuriere unterwegs, um männliches Erbgut von Blüte A zu Blüte B der gleichen Art zu transportieren und nutzen dabei entweder den Wind, seltener das Wasser und meist ein tierisches Taxi in Gestalt von Biene, Schmetterling, Kolibri oder Fledermaus. Je nach Transportverfahren zeigen sie entsprechende Anpassungen: Die Pollen der windblütigen Pflanzen, die ihr Erbe sozusagen in den Wind schlagen, sind besonders klein, die der

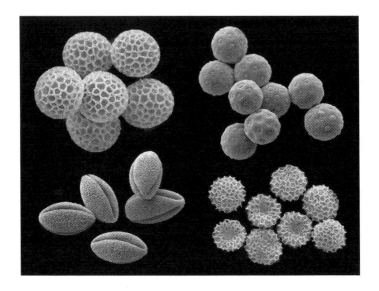

tierbestäubten Arten meist deutlich größer. Die bisher gemessenen Extremwerte stammen aus der heimischen Wild- bzw. Gartenflora: Während die weitaus meisten Arten Pollenkorndurchmesser von etwa 25 µm aufweisen, findet sich auf den untersten Rängen mit besonders kleinen Pollen die Weiß-Birke (*Betula pendula*) mit etwa 10 µm Durchmesser. Ihnen stehen die vergleichsweise riesigen Pollenkörner des Garten-Kürbis (*Cucurbita pepo*) mit einem Durchmesser von 210 µm gegenüber. Diese Pollenkörner sind so groß, dass man sie schon mit bloßem Auge sehen kann. Beide Pollenkorntypen verhalten sich also dimensionsmäßig zueinander wie ein Pingpongball zu einer Bowlingkugel. Konsequenterweise weichen auch die Pollenkorngewichte stark voneinander ab: Rund 1,25 Mrd. Birkenpollenkörner benö-

tigt man, um auf ein Gewicht von 1 g zu kommen, aber nur
etwa 800.000 vom Garten-Kürbis. Extreme Leichtgewichte
sind sie also allemal, obwohl der Birkenpollen wolkenweise durch die Luft driftet und der Kürbispollen von eifrigen
Sammelbienen verschleppt wird.

So groß wie ein Suppenkessel: Die Riesenblume *Rafflesia*

Manches in der heimischen Flora sieht richtig mickrig aus,
zum Beispiel die Blüten des Hungerblümchens (*Erophila
verna*). Mit nur rund 1 mm Durchmesser fallen die Kronen kaum auf, auch wenn sie strahlend weiß ausgebreitet
sind. Ganz anders machen die Blüten der Immergrünen
Magnolie (*Magnolia grandiflora*) auf sich aufmerksam. Sie
sind ebenfalls strahlend weiß, aber mit bis zu 25 cm Breite
mindestens tellergroß. Da sie sich von den glänzend dun-
kelgrünen Laubblättern kontrastreich abheben, sieht der
Baum zur Blütezeit aus, als habe man ihn mit grellhellen
Papiertaschentüchern dekoriert. Die aus dem Südwesten
der USA stammende Art wird weltweit als Zierbaum angepflanzt und ist auch in den wärmeren Gegenden West- und
Südwesteuropas in Parkanlagen häufig zu sehen.

Auch weitere spektakuläre Einzelschöpfungen wie die bis
zu 30 cm breite Blüte der Königin der Nacht (*Selenicereus
grandiflorus*), eines Kakteengewächses aus dem südamerikanischen Regenwald, sind nur Mittelklasse angesichts einer
wahrhaft gigantischen Superblume im XXL-Format: Bis zu
1 m Durchmesser erreicht die Einzelblüte von *Rafflesia ar-*

noldii aus den Tropenwäldern von Sumatra. Die Gattung ist
benannt nach dem Gründer der Stadt Singapur, dem britischen Kolonialgouverneur Sir Thomas Standford Raffles
(1781–1826). Zusammen mit seinem Begleiter George Ar-
nold, der ebenfalls im wissenschaftlichen Namen fortlebt,
entdeckte er 1818 die Riesenblume. Mit ihrer trüb braun-
roten Färbung und dem hellen Fleckenmuster sieht sie nicht
besonders hübsch aus, und für die Nase ist sie erst recht
nichts, denn sie entwickelt einen durchdringenden Aasge-
stank, den man noch in etwa 100 m Entfernung wahrnehmen kann. Adressat dieser anrüchigen Einladung sind Aas-
fliegen, die normalerweise übelriechende Tierkadaver auf-
suchen und dort ihre Eier ablegen.

Die eigentliche *Rafflesia*-Pflanze lebt als Vollparasit und durchwuchert mit einfachen, pilzartigen Zellfäden das Wurzelgewebe ihrer Wirtspflanzen, meist Verwandte der Weinrebe. Nur zur Blütezeit verrät sie ihre Anwesenheit, wenn sie ihre sternförmigen Einzelblüten direkt auf dem Boden ausbreitet. Durch Lebensraumverlust ist die Pflanze hochgradig gefährdet – ebenso wie ihre engere Verwandtschaft, die ein rundes Dutzend Arten mit (etwas) kleineren Blüten bis zu 60 cm Durchmesser umfassen.

Schwergewicht mit Bodenhaftung: Superbeere Riesenkürbis

Obwohl die Kürbispflanze nur einjährig ist, bringt sie geradezu gigantische Früchte hervor: Durchmesser bis zu 1 m und Frischgewichte jenseits von 20 kg sind keine seltene Ausnahme, sondern eher Standard. Solche Schwergewichte hält es – zumal bei einer dünnstängeligen krautigen Pflanze – natürlich nicht in der Schwebe an Stängeln oder Zweigen. Allein aus physikalischen Gründen bleiben die jungen Kürbisse am Boden und reifen sozusagen in Bodenhaltung.

Alle Kürbisarten stammen aus dem tropischen Mittel- und Südamerika. In Europa wurden sie erst nach 1514 durch den zurückkehrenden Kolumbus bekannt, der sie bei den Indianern in der Neuen Welt bereits als hochentwickelte Kulturpflanzen kennengelernt hatte. Die Gattung umfasst insgesamt 20 Arten, die alle kultiviert werden. Wirtschaftlich bedeutsam sind davon jedoch nur fünf Arten, darunter der besonders formenreiche Garten-Kürbis

(*Cucurbita pepo*) und der ähnlich vielgestaltige Riesen- oder Melonenkürbis (*Cucurbita maxima*), der an drehrunden, weitgehend ungefurchten und stachellosen Stängeln sowie nierenförmigen, wenig gelappten Blättern zu erkennen ist.

Botanisch sind die Kürbisse trotz ihrer ungewöhnlichen Größe Beerenfrüchte und wegen ihrer Reife in ständigem Bodenkontakt gleichsam besondere „Erdbeeren". Da sie mit besonders dicker Fruchtwand ausgestattet sind, nennt man sie auch Panzerbeeren.

Langatmig: Der langlebigste Samen

In den Grabkammern der ägyptischen Pharaonen aus dem vierten vorchristlichen Jahrhundert fanden Archäologen ebenso artgenau bestimmbare Pflanzensamen wie in römischen Militärlagern am Niederrhein oder in mittelalterlichen Abfallgruben der Hansestädte. Keimfähig waren diese Samen allerdings nicht mehr. Auch wenn die Natur sie auf längere Lagerzeiten im weitgehend wasserfreien Zustand eingerichtet hat, ist ihr Lebenslicht irgendwann einmal erloschen. Die Samenbank im Acker- und Gartenboden zeigt jedoch, dass die Samen mancher Arten über mehrere Jahrzehnte ruhen können, um dann bei passender Gelegenheit gleichsam aus der Gruft zu fahren. Ackersenf (*Sinapis arvensis*) keimt noch nach 50, Löwenzahn (*Taraxacum officinale*) selbst nach 70 Jahren. Den derzeitigen Rekord hielten die aus einem Seesediment geborgenen Samen der Indischen Lotosblume (*Nelumbo nucifera*) mit erfolgreicher Keimung nach rund 500 Jahren. Die immerhin bis zu Blüte entwickelten Pflanzen zeigen jedoch mancherlei Wuchsanomalien. Fachleute deuten diese als Effekt der natürlichen radioaktiven Strahlung während der langen Lagerzeit.

Das alles ist nun nach neueren Ergebnissen Makulatur. Aus einem fossilen Zieselnest im sibirischen Permafrostboden wurden unlängst die rund 30.000 Jahre alten Samen der Leimkrautart *Silene stenophylla* geborgen. Sie keimten tatsächlich noch, und die daraus herangezogenen Pflanzen blühten sogar.

Superleichtgewichte: Die winzigsten Samen

Wenn ortsfest wachsende Pflanzen in die Ferne schweifen möchten, gelingt ihnen dies nur mit ihren Früchten und Samen. Als Ausbreitungshilfen zu Wasser, zu Lande und in der

Luft hat die Natur allerhand trickreiche Mittel entwickelt, um den Erfolg der Arten zu sichern. Wer es in der pflanzlichen Luftfahrt besonders weit bringen will, muss unter anderem extrem leicht und geradezu staubkornfein sein.

Die Samen der heimischen Orchideen erfüllen alle diese Voraussetzungen und führen folglich die Liste der leichtesten Luftflotte mit Abstand an. Ihre Samen sind sogar so leicht, dass man sie kaum einzeln wiegen kann. Nimmt man das im gärtnerischen Bereich als Mess- und Benennungsgröße verbreitete Tausendkorngewicht (TKG), so rangieren die meisten Orchideen irgendwo im Bereich um 0,000001 g – etwa eine Million ultraleichter Samenkörnchen bringen es also gerade einmal auf 1 g. Zum Vergleich: Beim Wiesenklee beträgt das TKG 2–3 g, beim Winterweizen sind es rund 40 g.

Buchstäblich mit Leichtigkeit können die Orchideensamen also als pflanzliche Luftfracht erstaunlich weite Entfernungen überbrücken. Demnach müssten Orchideen ebenso wie andere Pflanzen mit Segelsamen aber weitaus häufiger und auch weiter verbreitet sein, als sie es tatsächlich sind. Der Grund für ihre Seltenheit erklärt sich zum Teil aus einem entscheidenden Nachteil: Die Orchideensamen sind vor allem deswegen so unglaublich leicht, weil sie kein Nährgewebe und damit so gut wie keine eingebaute Starthilfe für den Keimling haben. Treffen sie nach ihrer Luftreise irgendwo auf einen passenden Standort, brauchen sie für die erfolgreiche Keimung unbedingt die Mithilfe eines geeigneten Bodenpilzes, der das aufkeimende Orchideenpflänzchen mit Nährstoffen versorgt. An dieser Klippe scheitern offenbar die meisten Samen.

Rund und handschmeichlerisch: Das schwerste Samenkorn

Glänzende Erscheinung, gewandet in schmeichlerischem Rotbraun, dazu mit hübschen Rundungen – eben ein echter Hingucker, so eine frisch aus ihrer Stachelkapsel gelöste Rosskastanie (*Aesculus hippocastanum*). Aber hätten Sie gedacht, dass Sie damit fast eine Weltmeisterin in Händen halten? Tatsächlich gehören die reifen Rosskastanien mit ihrem Frischgewicht bis zu 30 g zu den größten und schwersten Samenkörnern. Gewöhnlich denkt man in diesem Zusammenhang an die Kokosnuss oder an die besonders üppig geratene Seychellennuss, doch dabei handelt es sich nach botanischen Kriterien jeweils um die Kerne von Steinfrüchten. Beim Steinkern ist die harte Hülle die innerste Fruchtschicht, beim knallharten Samenkorn dagegen die Samenschale. Auch bei der Walnuss, ebenfalls eine Steinfrucht mit stark verholzter innerer Fruchtwand, ist der weiche, essbare Kern, der aussieht wie ein frisch aufpräpariertes Gehirn, der eigentliche Samen. Nun könnte man natürlich die inneren Samenkerne von Kokos- und Seychellennuss als Rekordhalter anführen, doch werden diese eben nicht als freie Samen, sondern nur als Frucht ausgebreitet.

Ein interessanter Grenzfall ist übrigens die Avocado-(birne) oder Butterfrucht (*Persea americana*). Lange Zeit hielt man sie ebenfalls für eine Steinfrucht mit Steinkern, aber nach neuer Einschätzung ist sie eher eine einsamige Beere. Dann wäre der mit fast 10 cm Länge und bis 50 g Gewicht ungewöhnlich große, cremeweiße und ziemlich hartschalige Kern ein richtiges Samenkorn.

Höchstleistung im Samenweitwurf

Das Kräutchen-rühr-mich-nicht-an, auch Großblütiges Springkraut (*Impatiens noli-tangere*) genannt, ist in der heimischen Flora sicher das bekannteste Beispiel dafür, dass manche Pflanzen ihre reifen Früchte explodieren lassen und den Nachwuchs nach Artilleriemanier in der Nachbarschaft verteilen. Sofern die geladenen Früchte durch ihre eigene Gewebehydraulik unter Spannung geraten sind, nennt man die betreffenden Arten Saftdruckstreuer. Die Springkrautarten erreichen auf diese Weise Wurfweiten von bis zu 3 oder 4 m. Eine besonders heftig geladene grüne Kanone ist die im Mittelmeergebiet verbreitete Spritzgurke (*Ecballium elaterium*). Sie verabschiedet ihre Samenfracht mit einem vernehmlichen Rülpser und streut sie bis über 12 m weit aus.

Drüsiges Springkraut: Die reifenden Kapselfrüchte stehen schon unter Druck

Ein alternatives ballistisches Verfahren funktioniert bei manchen Pflanzen auch ohne Saftdruck: Beim Reifen entwickeln Kapseln oder Hülsen allein durch Trocknung eine enorme Spannung. Wenn sie schließlich aufreißen, fliegen die Samen wie von einem Schleuderbrett davon. Die vordersten Ränge in dieser Disziplin pflanzlicher Leichtathletik belegen der Stinkende Storchschnabel (*Geranium robertianum*) mit etwa 6 m und die Fingerblättrrige Lupine (*Lupinus digitatus*) mit etwa mehr als 7 m.

Schmerz lass nach: Die heftigsten Scharfmacher

Chili, Peperoni, Cayennepfeffer oder Roten Pfeffer nennt man küchentechnisch die fälschlich als Schoten bezeichneten Beerenfrüchte von *Capsicum frutescens*, der wie der im Vergleich eher harmlose Gewürz- und Gemüsepaprika (*Capsicum annuum*) ein Vertreter der Nachtschattengewächse ist. Bei der Wildform sind die Beerenfrüchte 1–5 cm lang, bei Kultursorten bis zu 15 cm. Sie sind spitzkegelig und reif leuchtend rot. Ursprünglich in Süd- und Mittelamerika sowie in der Karibik beheimatet, kultiviert man sie heute in vielen tropischen Gebieten in verwirrender Sortenfülle. Chilis vermitteln ein wesentlich beißenderes Geschmackserlebnis als die übliche Gemüsepaprika, da sie – vor allem in den hellen inneren Fruchttrennwänden und in den Samen – fast die doppelte Menge des extrem scharf schmeckenden Alkaloids Capsaicin enthalten. Damit ist dessen eigentliches Aufgabenfeld umrissen: Es soll die für die Vermehrung der Art wichtigen Samen vor Fraßfeinden schützen.

Auf dem Weltmarkt wird die Schärfe mit einer Skala von 1–10 klassifiziert. Zur höllisch scharfen Klasse 10 gehört die Sorte „Charleston Hot" aus South Carolina. Man verwendet Chilis in mexikanisch inspirierten Gerichten (z. B.

Chili con carne) als Pulver, in Pasten, Ölen und in Saucen, darunter in der berüchtigten Tabasco oder in der Hot Chili bzw. Hot Pepper Sauce. Der brennende Geschmack beim Kontakt der Mundschleimhäute mit dem Chiliwirkstoff Capsaicin ist eigentlich eine thermische Täuschung, denn das Alkaloid wirkt vor allem auf diejenigen Nervenenden ein, die für die Wärmeempfindung zuständig sind. Längeres Einwirken stumpft die Wärmeempfindung ab – nicht jedoch die eigentlichen Geschmacksnerven, im Unterschied beispielsweise zu Schwarzem Pfeffer. Die zunächst heftig tränentreibende, dann aber betäubende Wirkung eines Tropfens Tabasco auf der Zunge nutzten bereits die Indianer als lokal wirksames Schmerzmittel.

Eine grüne Luftmatratze: Das größte Schwimmblatt

In Gartencentern findet man die ausgesprochen dekorativen Seerosen für den Gartenteich oft in der Abteilung „Wasserpflanzen". Tatsächlich müsste man sie aber als Schwimmblattpflanzen etikettieren, denn eine echte Wasserpflanze lebt mit sämtlichen Organen unter Wasser, während sich die Schwimmblätter exakt an der Grenzfläche aufhalten und im Prinzip sogar zum Luftraum tendieren wie die Organe einer normalen Landpflanze.

Die mehrere Handflächen großen Schwimmblätter der heimischen See- und Teichrosen sind immerhin so tragfähig, dass darauf auch ein ausgewachsener Wasserfrosch bequem Platz nehmen kann, ohne ständig abzugleiten. We-

sentlich tragfähiger sind die besonders großen, fast kreisrun-
den Schwimmblätter der tropischen Riesenseerose (*Victoria amazonica*). Sie erreichen bis über 2 m Durchmesser und
knapp 4 m² Fläche.

Diese Blätter sind bewundernswerte Konstruktionen. Sie
werden an langen Stielen unter Wasser angelegt, erreichen
die Wasseroberfläche als kugelige Knospe und entrollen sich
dann rasch an der Oberfläche, wobei sie die gesamte sonstige
Konkurrenz buchstäblich abschirmen. Die Blattaderung besteht aus kräftigen Rippen und Queradern mit großen Luft-
kammern, die der Blattfläche einen beachtlichen Auftrieb
verleihen: Wie eine Luftmatratze tragen sie Zusatzlasten bis
etwa 50 kg. Die Blattränder sind ungefähr 5 cm hoch aufge-
bogen, sodass sie von leichtem Wellenschlag nicht benetzt
werden. Allerdings fangen sie bei den häufigen tropischen
Sturzregen gleich eimerweise Wasser auf. Damit die Blätter
dann nicht in Schieflage geraten, weisen die aufgebogenen
Blattränder regelmäßig Kerben auf, durch die das Nieder-
schlagswasser ablaufen kann.

Baumhoch: Die größte Staude

Papaya oder Melonenbaum (*Carica papaya*) ist eine immergrüne, mehrjährige Pflanze bis etwa 7 m Höhe mit unverzweigtem Stamm und einem endständigen Schopf großer, tief handförmig geteilter Blätter mit bis zu 1 m langer Spreite. Aus der Entfernung könnte man die Pflanze daher glatt für eine Palme halten. Sie gehört allerdings in eine eigene Familie der Melonenbaumgewächse. Äußerst ungewöhnlich ist das Dickenwachstum des kräftigen Stamms, das weitaus komplizierter verläuft als sonst bei einer baumförmig wachsenden Art. Es unterscheidet sich auch grundlegend von der ohnehin ziemlich seltsamen Stammbildung bei den Palmen. Da im Papayastamm keine nennenswerte Verholzung stattfindet, ist der Melonen*baum* streng genommen kein Gehölz und damit auch kein echter Baum, sondern lediglich eine baumförmig wachsende Staude – ähnlich wie die bis 9 m hohe Bananenpflanze.

Die Papaya stammt aus Mittelamerika (Panama) und wurde von den Spaniern nach Afrika und Südasien verbreitet. Heute ist die Art ein überall in den Tropen angepflanzter Fruchtlieferant. Regional kann man ihn auch im Mittelmeergebiet sehen. Die großen und recht aromatisch schmeckenden Beerenfrüchte sind auch auf unseren Obstmärkten erhältlich.

Richtiges Kleinholz: Der kleinste Strauch

In den winterkahlen Kronen von Pappeln, Weiden, Birken, Hainbuchen, Robinien und Obstgehölzen (vor allem Apfelbäumen) sieht man die kugelförmigen, dichten und grünen Büsche der Laubholzmisteln. Die Gallier glaubten, die Misteln fallen vom Himmel und bleiben im Geäst hängen. Deswegen waren ihnen diese interessanten Pflanzen besonders heilig – konsequenterweise braute der Druide Miraculix aus speziell geernteten Mistelzweigen für Asterix und Obelix einen besonderen Zaubertrank.

Als immergrüne Kugelbüsche bis rund 1 m Durchmesser sind die heimischen Misteln zwar biologisch recht interessant, aber keineswegs rekordverdächtig. Den Rang eines Rekordhalters überlassen sie daher der kleinsten der weltweit insgesamt 65 Mistelarten: Die Zwergmistel (*Viscum minimum*) aus dem südafrikanischen Kapland wird als ausgewachsener Strauch nicht einmal 1 cm hoch oder breit. Ihre roten, beerenartigen Früchte sind meist deutlich größer als die übrige Pflanze. Ungewöhnlich ist auch die Wirtswahl: Die winzige Zwergmistel wächst nur zwischen den Stammrippen der kakteenähnlich aussehenden Säulenwolfsmilch *Euphorbia polygona*.

Nur ein Nadelkopf: Die kleinste Blütenpflanze

Zugegeben: Klein fangen sie alle einmal an – als winzige und manchmal sogar staubfeine Samenkörner, die mühelos und fast unbegrenzt über die Luftroute verbreitet werden. Die kleinste Blütenpflanze der Welt kommt aber selbst im voll ausgewachsenen Zustand kaum über Samenkornabmessungen hinaus. Sie trägt den bezeichnenden Namen Zwerglinse und ist ein Winzling, der kaum mehr als 1 mm lang, breit und hoch wird. Die in Mitteleuropa mit vier weiteren Arten vorkommenden Wasserlinsen, regional auch Entengrütze genannt, sind im Sommerhalbjahr überall auf stehenden Gewässern zu sehen. Sie bilden hier nahezu geschlosse-

ne, meist hell- bis frischgrüne Schwimmdecken, durch die
kaum noch Licht auf den Gewässergrund vordringen kann.

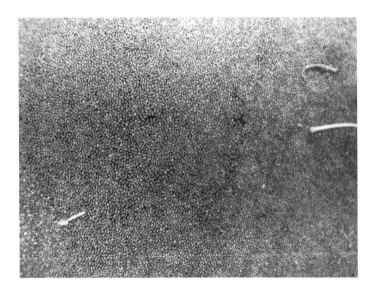

Im Unterschied zu den etwas größeren Teich- und Wasserlinsen, die ihre kleinen Wurzeln wie Kielschwerter oder
Treibanker in das Wasser eintauchen lassen, ist die heimische Zwerglinse völlig wurzellos – ein Merkmal, das sie
auch im wissenschaftlichen Artnamen führt (*Wolffia arrhiza*, Zwerglinse ohne Wurzel). Sie zeigt auch sonst kaum
noch gestaltliche Anklänge an eine echte Blütenpflanze, zumal sie in Europa nie blüht, und ist wohl als stark abgeleitet
bzw. vereinfacht aufzufassen. Ihre Oberseite ist nur flach
gewölbt, die Unterseite dagegen stärker bauchig. In der
Fachsprache der Bootsbauer könnte man sie daher so cha-
rakterisieren, dass ihre Konstruktionswasserlinie gleichsam

mit der Bordkante zusammenfällt. Sie treibt also wie eine flache Jolle ohne Freibord bzw. als besonders tief gehende Boje auf dem Wasser umher. Angesichts dieser sehr einfachen Formgebung ist nicht einmal sicher zu entscheiden, ob der Linsenkörper nun eigentlich ein umgewandeltes Blatt oder eine stark gestauchte Sprossachse ist oder gar von beidem jeweils nur reduzierte Anteile in sich vereinigt.

Wolffia arrhiza ist nur in der Alten Welt und vor allem im südlichen Eurasien verbreitet. Die erst 1980 in Australien entdeckte *Wolffia angustata* ist sogar noch etwas kleiner – bis zu 0,6 mm lang und knapp 0,4 mm breit.

Geradezu mörderisch: Der größte Zapfen

Was bei Laubbäumen die Früchte sind, sind bei den Nadelbäumen die im bürgerlichen Sprachgebrauch Zapfen genannten Samenstände. Nach ihren dekorativen Samenbehältern nennt man die betreffenden Gehölze auch Zapfenträger oder Koniferen. Form und Größe der Zapfen sind so charakteristisch, dass man danach mit Leichtigkeit die einzelnen Nadelbaumarten unterscheiden kann. Zwischen Zapfengröße und arttypischer Wuchshöhe der betreffenden Baumart besteht allerdings keine direkte Beziehung. Die Kanadische Hemlock (*Tsuga canadensis*), die mit 80 m und mehr Wuchshöhe zu den höchsten Bäumen der Welt gehört, entwickelt besonders kleine, nur aus wenigen Schuppen bestehende und allenfalls etwa 1 cm lange Zapfen. Bei der kaum weniger hohen Lawson-Scheinzypresse (*Chamaecyparis lawsoniana*) aus den nördlichsten

Regenwäldern der Erde im westlichen Kanada werden die Zapfen nur ungefähr erbsengroß. Das andere Ende der Größenskala beherrschen zwei nordamerikanische Kieferarten. Die mit Abstand längsten Zapfen hängen an der in der pazifischen Küstenregion beheimateten Zucker-Kiefer (*Pinus lambertiana*) – reif sind sie bis zu 50 cm lang und geöffnet etwa 15 cm dick. Dabei sind sie allerdings recht leichtgewichtig – im Gegensatz zu den besonders massiven Zapfen der Coulter-Kiefer (*Pinus coulteri*) aus dem südwestlichen Kalifornien. Diese Superlative unter den Zapfen werden bis zu 30 cm lang bei etwa 20 cm Breite und wiegen bis zu 2 kg. Ihre Schuppen sind am Ende in breite, scharfkantige und abstehende Haken ausgezogen, die erhebliche Probleme verursachen, wenn sie unglücklicherweise auf der Schädeldecke landen. In Kalifornien nennt man sie daher respektvoll „widowmaker" (Witwenmacher).

5

Tiere – eine unglaubliche Bauplanvielfalt

Wie ganz genau man eigentlich ein Tier definiert, bringt auch so manchen Naturwissenschaftler zuverlässig ins Grübeln. In bürgerlichen Kreisen wird man – einen Springfrosch, Sperling oder Schäferhund vor Augen – vermutlich auf die beachtliche Agilität solcher Arten verweisen, die sich von den ortsfest verwurzelten Pflanzen grundlegend unterscheidet. Aber: Auch unter den Tieren gibt es nicht wenige Verwandtschaftsgruppen, die sozusagen lebenslänglich sitzen. Denken wir nur einmal an die seltsamen Seepocken, die mit ihrem auffälligen Siedlungsband an den Meeresküsten weltweit die durchschnittliche Hochwasserlinie markieren. Auch Schwämme und Korallen sind zwar unzweifelhaft Vertreter des Tierreichs, aber – geradezu buchstäblich unverrückbar – mit ihrer Unterlage fest verwachsen. Die freie Ortsbeweglichkeit kann demnach kein zuverlässiges Ausschlusskriterium für die Abgrenzung der Tiere von den übrigen Organismenreichen sein.

Dazu muss man schon ein wenig tiefer in die Biologie dieser enorm vielfältigen Lebewesen abtauchen. Eines der bei der vergleichenden Sichtung aller zum Tierreich gehörenden Verwandtschaftsgruppen auftretenden Merkmale ist fast ebenso trivial wie überraschend: Tiere sind Lebewesen mit einer Mundöffnung. Sie ernähren sich im Unterschied

© Springer-Verlag GmbH Deutschland 2017
K. Richarz und B. P. Kremer, *Organismische Rekorde*,
DOI 10.1007/978-3-662-53780-0_5

zu den Vertretern aller anderen Organismenreiche ingestiv, d. h. sie verschlucken ihre Nahrung ganz oder portionsweise mit einer eigens dafür vorgesehenen Körperöffnung.

Das zweite sichere Unterscheidungsmerkmal ist entwicklungsbiologischer Natur. Alle Tiere durchlaufen einen im Prinzip sehr ähnlichen Ablauf, bei dem die befruchtete Eizelle nach einer Reihe von streng geordneten Zellteilungen zunächst das Aussehen einer reifen Maulbeere annimmt (Morula-Stadium) und dann nach weiterer Zellvermehrung zu einer Hohlkugel wird (Blastula-Stadium). Ab hier trennen sich die weiteren Entwicklungswege in den verschiedenen Verwandtschaftsgruppen.

Welche Tiere erleben wir eigentlich in unserem täglichen Erfahrungsumfeld? Auch Nichtfachleute werden sofort und durchaus zutreffend auf Säugertiere (Eichhörnchen), Vögel (Kohlmeise), Reptilien (Zauneidechse) und Amphibien (Wasserfrösche) verweisen. Hinzu kommen – zahlreich und oft nicht besonders beliebt – die Insekten und gegebenenfalls auch die Weichtiere (Mollusken), vor allem in Gestalt der gefräßigen Nacktschnecken im Salatbeet. Und dann? Den größten Teil der Fauna der Festlandbiotope stellt nicht einmal ein halbes Dutzend Tierstämme. In den wässrigen Lebensräumen ist das ganz anders. Hier finden sich die Vertreter von tatsächlich etwas mehr als 30 weiteren Tierstämmen. Biodiversität ist also, sieht man von den überproportional artenreichen Insekten einmal ab, vor allem eine Angelegenheit der aquatischen Lebensräume.

Trotz dieser Diskrepanz werden wir im folgenden Kapitel den Schwerpunkt dennoch auf die uns vertrauteren und eher zugänglichen Festlandbiotope legen. Gemessen an ihrer Artenzahl sind dabei die Wirbeltiere gegenüber den

Wirbellosen überrepräsentiert. Darunter sind wiederum die Vögel mit über 10.000 rezenten Arten sowie die Säugetiere mit rund 5500 Arten artenmäßig recht überschaubar. Daher haben wir uns vor allem aus ihren Reihen erwähnenswerte Rekordhalter ausgesucht, und zwar sowohl mit Rekorden auf Art- bzw. Gruppenniveau, als auch von solchen, die von Individuen gehalten werden. Schließlich sind wir Menschen nicht die einzige Spezies im Tierreich mit einer großen individuellen Bandbreite.

Durchblick: Wer hat die größten Augen?

Große und eventuell auch noch dunkle Augen galten schon in der Antike als besonderes Schönheitsattribut. Die alten Griechen beschrieben einige ihrer Göttinnen als „kuhäugig", und im antiken Rom träufelten sich die Damen den Saft der Tollkirsche in die Augen, um besonders große Pupillen zu bekommen – sie sahen dann nicht mehr viel, aber sahen zumindest gut aus.

Im Allgemeinen hängt die Größe des Augapfels mit der Körpergröße zusammen. Die Hausmaus hat verständlicherweise kleinere Augen (3 mm Durchmesser) als ein Elefant (42 mm). Die mit Abstand größten Augen im Tierreich haben jedoch nicht die riesigen Wale, sondern die zu den Tintenfischen gehörenden Riesenkalmare. Bei den in der Tiefsee lebenden und bis zu 20 m langen *Architeuthis*-Arten messen die Augen bis über 40 cm Durchmesser. Das Auge der Kalmare ist fast so hoch entwickelt wie ein Wirbeltierauge und weist Iris, Pupille, Linse und Lider auf.

Stundenlang Liebe machen: Die längste Ausdauer

Alle menschliche Liebeskunst nach dem berühmten indischen Kamasutra hin oder her: Die längste Ausdauer bei der Paarung zeigen nicht etwa besonders erfahrene und geübte Männer unserer Spezies, denn Nashornbullen laufen ihnen eindeutig den Rang ab: Bis zu 1,5 h kann ein Nashornbulle auf einer Kuh aufreiten. Während der ganzen, unendlich

langen Zeit bleibt sein Begattungsglied eingeführt, wobei
die Samenergüsse in Abständen von 1–2 min aufeinander
folgen! Doch wenn darauf vielleicht der eine oder andere
Mann etwas neidisch werden sollte, mag er bedenken, dass
sich in jeder Brunftzeit die Kuh nur einmal paart und das
Ganze für beide Partner ein zwar extrem ausgiebiges, aber
auch ziemlich einmaliges Ereignis bleibt. Wer wollte, so betrachtet, mit den Nashörnern tauschen?

Vom Knuddel-Knut zum Riesen:
Die größten Bären

Wer konnte sich schon dem Charme „unseres" Knuts ent-
ziehen, dem kleinen, von Hand aufgezogenen Eisbären im
Berliner Zoo, der Anfang 2007 zum internationalen Medie-
nereignis schlechthin werden sollte. Und dennoch hätte sich
auch „Knuddel-Knut" in absehbarer Zeit zu einem Riesen
ausgewachsen, wäre er nicht schon 2011 im Alter von nur
vier Jahren an einer Gehirnentzündung gestorben. Denn
Eisbären (*Ursus maritimus*) sind nun einmal die größten
Bären der Welt und gleichzeitig auch die größten Fleischfresser. Erwachsene Männchen erreichen Körperlängen von
2,4–2,6 m und Gewichte von 400–600 kg. Am nächsten
kommen ihnen die geradezu riesigen Braunbären der Ko-
diak-Inseln, der Küsten Alaskas und Kamtschatkas: Männliche Kodiakbären (*Ursus arctos middendorffi*) bringen zwischen 475 und 530 kg bei Körperlängen von 1,7–2,8 m auf
die Waage. Der schwerste wildlebende Kodiakbär wog 1894
bei seiner Erlegung 751 kg, und ein wohlgenährtes Zoo-

exemplar wurde sogar 757 kg schwer. Das ist immer noch
nichts gegen den größten jemals vermessenen Eisbärmann
aus dem Kotzebue-Sund in Alaska: 1960 dort erlegt, ist das
3,4 m hohe Exemplar heute im Flughafen von Anchorage
ausgestellt. Sagenhafte 1002 kg soll dieser Riesenbär gewogen haben!

Trotz äußerlicher Verschiedenheit sind Braun- und Eisbären dennoch eng miteinander verwandt und können in
Gefangenschaft gemeinsam Junge zeugen. Dies geschieht in
der Wildnis eigentlich nie, da sich ihre Lebensräume bisher nicht überlappten. Durch den Klimawandel ist der Lebensraum des Eisbärs, der sich aus dem Braunbär in Anpassung an die eisigen Bedingungen der Arktis entwickelte,
heutzutage extrem bedroht. Für die Eisbären sieht es immer schlechter aus. Die Riesenraubtiere verlieren mit dem
Verschwinden des Treibeises buchstäblich den Boden unter

ihren Füßen. Schon jetzt sinken die Bestandszahlen massiv, weil die Eisbären entweder verhungern oder bei der Jagd ertrinken. Nach den Prognosen der Klimaforscher wird es im Jahr 2040 überhaupt kein Treibeis mehr im arktischen Sommer geben. Eine Katastrophe für die wilden Verwandten unseres Knuts! Hoffentlich tragen Knut und seine Nachfolger in den Zoos mit ihrer Popularität mit dazu bei, die Menschen wachzurütteln, damit die Politik wirkungsvolle Schritte gegen die Ursachen der globalen Klimaerwärmung unternimmt. Schließlich sollten auch noch künftige Generationen die größten Bären und Fleischfresser der Erde auf den gefrorenen Meeren, Inseln und Küsten der Arktis beobachten können, ein Lebensraum, der so fern und dennoch auch für uns so (über)lebenswichtig ist.

Im Teddybärformat: Der kleinste Bär

Auch wenn er mit seinem kurzen, schwarzen Fell und den weißen bis orangefarbenen halbmondförmigen Abzeichen auf der Brust eher schlank und weniger wie ein Knuddel-Teddybär daherkommt, entspricht der Malaienbär als kleinster aus der Familie der Großbären noch am ehesten dem Format unserer Teddys. Nur 1,1–1,5 m lang, ca. 70 cm hoch und zwischen 2–65 kg schwer ist *Ursus malayanus*, der wegen seiner Vorliebe für Süßes – eine weitere Eigenschaft dieses Teddybären wie seiner kleinen Besitzer – auch Honigbär genannt. Die kleinste Variante des Honigbärs kommt auf Borneo vor.

Vielfüßig: Wer hat die meisten Beine?

Mit zwei Beinen im Leben stehende Wesen erscheinen uns als Normalfall. Vierbeiner aus der Parade der kuscheligen Säugetiere sind davon nicht grundverschieden, denn unsere Arme sind eigentlich ebenfalls Beine. Sechs Beine sind das besondere Kennzeichen der Insekten. Auf acht Laufbeinen huschen die Spinnen umher. Ab zehn Beinpaaren wie bei den Krebsen wird die Extremitätenlage allmählich unübersichtlich. Die im Boden lebenden Hundertfüßer haben mindestens 15 Laufbeinpaare. Den Rekord hält der im tropischen Amerika beheimatete Erdläufer *Titanophilus* mit bis zu 181 Beinpaaren. Die Beinpaaranzahl ist innerhalb der Arten eigenartigerweise nicht ganz genau festgelegt, aber immer ungeradzahlig.

Während viele Vertreter der Hundertfüßer die namengebenden 100 Füße locker zusammenbekommen, bleiben die damit verwandten Tausendfüßer deutlich darunter. Dafür tragen sie an jedem ihrer zahlreichen Körpersegmente gleich zwei Beinpaare. Die größte und beinreichste Art ist der in Ostafrika vorkommende Riesenbandfüßer *Archispirostreptus* – er wird bis zu 30 cm lang und trägt rund 300 Beinpaare. Ohne perfekte Choreografie würden sich seine überaus zahlreichen Extremitäten ständig verheddern.

Blutdruck: Auch kleine Tiere stehen unter Druck

Wenn der Arzt den soeben gemessenen Blutdruck vermeldet, redet er beispielsweise von „120 zu 80" nach der bewährten Methode des italienischen Arztes Scipione Riva-Rocci (1863–1937). Damit nennt er zunächst den systolischen Druckwert, der eine Quecksilbersäule (Elementsymbol Hg) in einer Glasröhre 120 mm hoch drückt, und danach den immer etwas niedrigeren diastolischen Wert. Für diese traditionellen Druckangaben in mmHg verwendete man früher wie beim Wetterbarometer die Einheit Torr. Heute ist dafür eigentlich nur noch die gesetzliche Einheit Pascal (Pa) zulässig. Die benannten Durchschnittswerte für einen erwachsenen Menschen betragen in dieser Maßeinheit 253 bzw. 160 Hektopascal (hPa).

Die meisten Tiere haben einen davon deutlich abweichenden Blutdruck. Unter den Säugetieren führt die Giraffe mit 340/230 mmHg (454/308 hPa) die Tabelle an –
verständlich, denn ihr Herz muss das Blut immerhin über
mehrere Meter Höhendifferenz bis zum sauerstoffbedürfti-
gen Gehirn bewegen. Für die großen Dinosaurier hat man
auf dieser Grundlage Blutdruckwerte bis 640/410 mmHg
errechnet – ein Mensch wäre bei einem derart hohen Blutdruck schon längst tot.

Erstaunlich ist, dass auch Vögel trotz ihrer kleinen Körper
einen ungewöhnlich hohen Blutdruck haben. Beim Haussperling (*Passer domesticus*) etwa beträgt er 180/140 mmHg.
Nach menschlichen Kategorien wäre der muntere Spatz auf
dem Dach daher ein gefährdeter Hypertoniker und sicherer
Infarktkandidat.

Ein verkapptes Säugetier:
Die dicksten Eier

Im Verhältnis zu ihrer Körpergröße legen die neuseeländischen Kiwis die relativ dicksten Eier. Beim Streifenkiwi (*Apterix mantelli*) etwa ist ein Ei 13 × 8 cm groß und erreicht mit einem Gewicht von 500 g etwa 30 % des Körpergewichts eines Weibchens. Nun legt ein Kiwi nicht nur ein einziges Ei, sondern deren bis zu drei. Ihre Körpertemperatur liegt mit etwa 38 °C deutlich unter derjenigen anderer Vögel (42 °C) und gleicht damit eher der eines Säugetiers. Daher hat man diesen seltsamen Laufvögeln in ihrem „haarigen" Federkleid zu Recht schon die Bezeichnung „Säugetiere ehrenhalber" verliehen. Ironie des Schicksals: In vieler Hinsicht säugetierähnlich waren die in drei Arten und mehreren Unterarten vorkommenden Kiwis den von den neuseeländischen Siedlern eingeführten Ratten, Katzen, Füchsen und Mardern von Anfang an wehrlos ausgeliefert. Heute gelten alle Kiwis als gefährdete Arten. Bereits die ersten Maoris, die Neuseeland erreichten, machten Jagd auf diese Laufvögel und bedienten sich dabei der pfeifenden Revierrufe der Kiwis, die ihnen Fleisch für den Kochtopf und Federn für ihre Umhänge lieferten. Kiwifedern kamen im 19. Jahrhundert sogar als Exportschlager für Europa in Mode. Inzwischen werden die Kiwis von den „Kiwis" als nationale Schätze wohlbehütet. Während Kiwis höchstens als Staatsgeschenke ihre neuseeländische Heimat verlassen dürfen, sind Kiwis als Früchte, die erstmals 1959 von einer Handelsfirma unter diesem Namen erfolgreich vermarktet wurden, inzwischen in aller Munde. Sie haben

ihren „haarigen" Namensgebern in Sachen Bekanntheits-
grad damit wohl längst den Rang abgelaufen.

Na sowas: Der geilste Bock

„Der Bock ist ein geiles Thier/allzeit fertig zum Stylen und
Springen/und von solcher Geylheit und Uppigkeit schilet er
über Ecke. Deßgleichen bezeuget Alianus, dass kein Thier
sich so zeitlich der Geylheit und Uppigkeit gebrauche/als
der Bock: Dann er sahe gleich am siebenden Tag nach
seiner Geburt an aufzubocken/welches ihn ein frühzeitig
Alter bringe und verursache: Wann er auf sieben Monat
kommen/so mag er auß solcher Ursach zur Herd gelassen
werden: Nach vier Jahren wird er für unnütz geachtet. Sie
sollen nicht fett gemacht noch gemästet werden/dann davon
werden sie zum Bespringen und zur Vermehrung träg und
nachlässig: Deshalb/wann man sie zulassen will/so pflegt
man sie zuvor außzuhungern und außzumagern …" – so-
weit Conrad Gesner in seinem Allgemeinen Thierbuch
von 1669. Die Geilheit des Hausziegenbocks, d. h. dessen
„Sprunglust", hat der Züricher Zoologe vor über 330 Jahren
schon gut beobachtet und treffend beschrieben. Diesbezüg-
liche Aktivitäten noch sehr junger Böckchen sind, wie man
heute weiß, „spielerische Übungen", wie sie ähnlich auch
bei Elefantenkindern zu beobachten sind. Dagegen trifft das
Sprichwort vom „geilen Bock" auf sexuell besonders aktive
Männer der Art *Homo sapiens* nur unvollständig zu. „Du
geilster Bock" wäre hier treffender. Denn kein anderes Säugetier außer dem Menschen kann, zumindest theoretisch,
„rund um die Uhr", das heißt das ganze Jahr über, sexuell

aktiv und erregbar sein. Dies wiederum hat weniger mit der Fortpflanzung, sondern mit der bindungsverstärkenden Wirkung menschlicher Sexualität zu tun.

Eiersegen/-regen: Eier en gros

Von allen Froschlurchen produziert die Riesenkröte (*Bufo marianus*) die meisten Eier: Pro Laich sind es 30.000–35.000 Eier, die schutzlos allen Witterungsbedingungen wie auch Fressfeinden ausgeliefert werden. Frei nach dem Motto: „Einige kommen schon durch". Weitaus verschwenderischer in Sachen Eiersegen ist der Mondfisch (*Mola mola*). Die Weibchen dieser in fast allen wärmeren Meeren vorkommenden Fischart entwickeln Millionen von Eiern, jedes mit einem Durchmesser von 1,3 mm. In einem 1,37 m

langen Mondfischweibchen fand man 300 Mio. Eier, wobei größere Individuen wahrscheinlich noch viel mehr produzieren können. Manchmal erscheint die Natur doch recht verschwenderisch.

Bären: extremste Nahrungspalette

Während der Eisbär als ausgeprägtester Fleischfresser unter den Bären bevorzugt von Robben, aber auch von Walrossen, Beluga- und Narwalen sowie von Aas lebt und nur im Sommer mangels tierischer Beute mit Beeren, Gras und Seetang vorlieb nehmen muss, steht der Große Panda (*Ailuropoda melanoleuca*) ganz auf Pflanzen. Bei einem Nahrungsanteil an Bambusstängeln, -sprossen und -blättern von 99 % trägt er seinen Zweitnamen „Bambusbär" mehr als zu Recht. Nur äußerst selten nehmen Bambusbären auch Grasbüschel, Krokusse oder Weinreben, manchmal auch Aas von

Takins und anderen Wildtieren oder Fische und Nagetiere zu sich. Im Schnitt besteht die Nahrung der meisten Bärenarten immerhin zu 75 % aus pflanzlichen Anteilen. Ganz schöne Beerenliebhaber, diese Bären!

Kiwis: säugetierähnlichste Vögel mit seltsamsten Federn

Die seltsamsten Federn trägt der Kiwi. Auch Schnepfenstrauß genannt, ist er nicht nur Namensgeber für die gleichnamige, vitaminreiche Frucht (die allerdings aus China stammt), sondern steht für seine Heimat Neuseeland und vor allem die Neuseeländer. Letztere bezeichnen sich selbst gerne nach ihrem National- und Wappentier als „Kiwis". Weil den echten Kiwis ein Schwanz fehlt und ihre Flügel verkümmert sind, wirken sie wie watschelnde Eier mit Schnabel. Zu diesem Erscheinungsbild tragen auch die weit nach hinten verlagerten Beine bei. Der lange, gebogene Kiwischnabel wird von den flugunfähigen, nachtaktiven Tieren zum Schnüffeln und Sondieren von Nahrung auf dem und im Boden eingesetzt. Das sind Insekten, Beeren, Insektenlarven und Regenwürmer. Wenn der Schnabel nicht gerade zur Nahrungssuche im Einsatz ist, stützen sich Kiwis oft auf ihn wie auf einen Spazierstock, um damit im Stand das Gleichgewicht zu halten.

Nicht nur in Sachen Riechvermögen ähneln Kiwis mehr Säugetieren als den meisten Vogelverwandten. An ihrer Schnabelbasis tragen sie auch Tastborsten, die an Schnurrbarthaare erinnern und deren Funktion haben, in Wirklichkeit aber modifizierte Federn sind. Letztere sind bei den

Kiwis ohnehin ein Kapitel für sich. Bei typischen Vogel-
federn halten Hunderte von Strahlen mit Häkchen und
Krempen die Feder zu einer elastisch geschlossenen Fläche
mit zwei Fahnen zusammen. Erst diese raffinierten Verrie-
gelungsmechanismen ermöglichen den Vögeln das Fliegen
und auch Schwimmen. Dagegen sieht die Körperbedeckung
der Kiwis von weitem eher wie ein Haarkleid aus. Das rührt
daher, dass Kiwifedern ein Nebenschaft fehlt. Daher ragt
der Federschaft wie ein grobes Haar aus den Fahnen hervor,
die strahlenlos und daher nicht geschlossen sind. Das „haa-
rige" Federkleid dient den Tieren als Wetterschutz und vor
allem als perfekte Tarnung.

Tokyoter Roulette: Der giftigste Fisch

So mancher Liebhaber der fernöstliche Küche bekommt glänzende Augen, wenn auf der Menükarte Fugu angekündigt wird: Das Fleisch der schuppenlosen Kugelfische wie *Fugu pardalis* oder *Fugu rubripes* gilt als ausgesprochene Delikatesse. Obwohl es eigentlich schmeckt wie Mondschein auf der Zunge, ruft es im Mund planmäßig eine leichte Vergiftung mit Prickeln und Brennen und mit nachfolgendem leichtem Taubheitsgefühl hervor. War der Kugelfisch jedoch nicht ordnungsgemäß zubereitet, kann sich dieser Genuss durchaus zur Atemlähmung mit tödlichem Ausgang steigern. Daher nennt man den Besuch eines japanischen Fugu-Restaurants etwas sarkastisch auch „Tokyoter Roulette".

Der Grund für die beachtliche Giftigkeit der Kugel- oder Pufferfische sind Bakterien (verschiedene *Vibrio*- und *Pseudomonas*-Arten) auf und in deren schuppenloser Haut. Das Bakteriengift wandert durch die Haut in den Fischkörper und reichert sich dort vor allem in den inneren Organen an – allerdings ohne den Fisch im Geringsten zu schädigen. In seiner Wirkung ist es vergleichbar dem Saxitoxin bzw. Gonyautoxin der Muscheln – die für einen Menschen tödliche Gesamtdosis liegt ebenfalls bei etwa 1 mg. Eine normale Fischportion reicht also zuverlässig für die Reise ins Jenseits. Die Vergiftung geht mit Sprechstörungen, Schwierigkeiten beim Gehen, Muskelkrämpfen, Schluckbeschwerden und dramatischem Blutdruckabfall einher und endet dosisabhängig mit dem Tod durch Atemlähmung. Nach der wissenschaftlichen Familienbezeichnung Tetraodontidae für die giftigen Kugelfische bezeichnet man es als Tetrodotoxin (international abgekürzt: TTX).

Der größte Fisch und gar nicht angeltauglich

Schon sein Name spielt auf die außergewöhnliche Dimension des größten Fisches der Welt an: Mit einer verbürgten Länge von gut 12 m schwimmt der Walhai durch die warmen und seichten Bereiche der Ozeane. Im Gegensatz zu manchem seiner auch für den Menschen nicht ganz ungefährlichen Artverwandten, ernährt sich *Rhincodon typus* trotz seiner gewaltigen Größe ausschließlich von Plankton, ist von Natur aus „freundlich" und erlaubt einem Taucher sogar, sich auf ihm reitend oder an seinen Flossen haltend mitziehen zu lassen. Dabei ist der Riese mit dem breiten Maul durch seine mit weißen Tupfen und Streifen übersäte schiefergraue oder graubraune Haihaut nicht nur extrem harmlos, sondern ausgesprochen hübsch.

Die größten Kaltblüter der Erde sind besonders gut im Ningaloo Reef Marine Park vor der westaustralischen Küste zu beobachten. Dort befindet sich einer der wichtigsten Riffgürtel Australiens, das wegen seiner Küstennähe und seines Meereslebens einzigartig ist. Über 250 Korallenarten, mehr als 6000 Weichtierarten und gut 500 Fischarten (darunter auch der Walhai als sanfter Riese des Meeres) kommen in diesem marinen Garten Eden vor. Im März, wenn die Korallen gelaicht haben, kommen Walhaie in Scharen nach Ningaloo, um sich an der planktonischen Brühe zu sättigen. Sie filtrieren kleine Organismen wie Krill, Ruderfußkrebse und Krabbenlarven aus dem Wasser. Walhaie haben außerdem bis zu 3000 kleine Zähne, die verhindern sollen, dass größere Beutetiere wie Riffsepien, Quallen und kleine Fische wieder aus dem Maul entkommen. Menschliche Taucher brauchen sich davor nicht zu fürchten – höchstens vor einem (unbeabsichtigten) Schwanzschlag des Riesen, der durchaus mit gebrochenen Rippen enden kann. Um die mächtigen Tiere nicht unnötig zu stören, ist in Ningaloo Reef die Zahl der Taucher pro Walhai streng reglementiert. Wird es dem Walhai trotzdem zu bunt, taucht er mit einem Schwanzschlag rasch in die Tiefen des Meeres ab.

Der wichtigste Fisch, zumindest für das Große Barrierriff

Wie alle Korallenriffe der Welt leidet auch das Große Barrierriff vor Australien an der zunehmenden Veralgung infolge der Meeresverschmutzung. Ein seltener Fisch rupft die wuchernden Algen von kranken Korallenriffen und ist so als einziger in der Lage, die Schäden wieder rückgängig zu machen. Rotsaumfledermausfisch (*Platax pinnatus*) heißt der im westlichen Pazifik heimische „Korallenreiniger". In der Jugend schwarz und mit grell-orangefarben gesäumten, an Fledermausflügel erinnernden riesigen Flossen ausgestattet, färben sich die bis zu 70 cm langen Fische im Laufe ihres Lebens dumpf-grau mit roten Flossensäumen um. Nachdem Meeresschildkröten und Seekühe als weitere wichtige Algenverzehrer nahezu ausgerottet sind, ist der Fledermausfisch möglicherweise als letzter größerer Pflanzenfresser noch in der Lage, die bedrohten Korallenriffe zu „sanieren". Ihm kommt somit bei künftigen Konzepten zur Rettung dieser einmaligen Lebensgemeinschaften eine Schlüsselrolle zu. Dafür sollten wir ihm die Flossen küssen!

Schau mir in die Augen und ich verrate Dir mein Alter

Genau das haben Wissenschaftler bei Grönlandhaien getan und so feststellen können, dass die Vertreter dieser Spezies wohl älter als jedes andere Wirbeltier werden können.

Der Biologe Jens Nielsen von der Universität Kopenhagen untersuchte zusammen mit seinen Kollegen die Linsenkerne der Augen von 28 weiblichen Grönlandhaien, die als Beifänge in Fischernetze gelangten. Die Isotopenanalysen der Haiaugenlinsen zeigten den Forschern, dass die Tiere vermutlich erst im Alter von 150 Jahren geschlechtsreif werden und eine Lebenswartung von 400 Jahren haben. Dazu wurden bestimmte Isotope des Linsenkerns analysiert, darunter das Kohlenstoffisotop C14 (Radiokarbonmethode).

Das charakteristische Muster der Isotope lässt Rückschlüsse
auf das Alter des Linsenkerns und somit auf das Alter des
Tieres zu. Die so gewonnenen Daten konnten die Forscher
um Nielsen wiederum zur Größe der Fische in Beziehung
setzen, denn die Korrelation zwischen Alter und Größe der
Tiere ist bekannt. Die beiden größten untersuchten Haie
waren auch die ältesten. Das größte, schon nahezu blin-
de Weibchen hatte eine Länge von 502 cm und ist nach
den Analysen der Forschergruppe 392 ± 120 Jahre alt; das
zweitgrößte erreichte 493 cm und 335 ± 75 Jahre. Nur bei
den drei kleinsten Exemplaren, die kürzer waren als 220 cm,
fanden die Biologen Zeichen der Atombombenexplosionen
Mitte des 20. Jahrhunderts. Durch die überirdischen Atom-
waffentests gelangten in den 1950er-Jahren große Mengen
an C14 in die Umwelt und dementsprechend wurde in dem
Jahrzehnt danach auch deutlich mehr C14 von Lebewesen
aufgenommen. Im Schnitt ergab sich für die Tiere eine Le-
bensspanne von durchschnittlich mindestens 272 Jahren.
Da weibliche Grönlandhaie mit einer Größe von etwa 4 m
geschlechtsreif werden, errechneten die Biologen ein Alter
für die Geschlechtsreife von 156 ± 22 Jahren. Grönlandhaie (*Somniosus microcephalus*) gehören zur Ordnung der
Dornhaiartigen. Sie werden durchschnittlich 4–5 m lang,
größere Exemplare können jedoch fast 8 m Länge erreichen
und bis zu 2,5 t wiegen. Ihr Zweitname Eishai spielt auf
das Verbreitungsgebiet dieser Art in den arktischen Gewässer des Nordatlantiks an. Gelegentlich werden Tiere aber
auch weiter südlich, bis in die Biskaya, angetroffen. Ihre
maximale Tauchtiefe ist nicht bekannt. Als 1995 ein unbe-
manntes U-Boot bei der Suche nach einem Schiffwrack vor
der Küste South Carolinas einen 6 m langen Grönlandhai

in 2200 m Tiefe filmte, war dies nicht nur mehr als 1000 m unter der bis dahin beobachteten Tauchtiefen dieser Art, sondern auch noch die bisher am weitesten südlich gelegene Sichtung eines Grönlandhais.

Keineswegs ernähren sich die langsam schwimmenden Grönlandhaie – wie früher angenommen – nur von herabsinkendem Aas am Meeresgrund. Sie machen auch aktiv Jagd auf schlafende Robben und Fische. Attacken auf Menschen sind nicht bekannt. Weil sie zum Zeitpunkt ihrer Namensgebung als träge galten, hat man ihnen den lateinischen Namen *Somniosus* (der Schlaftrunkene) gegeben. Die Jungtiere der Eishaie schlüpfen noch im Mutterleib aus ihren Eiern und werden mit einer Länge von ungefähr 40 cm lebend geboren. Fast unvorstellbar: Ein 1850 geborener Grönlandhai war erst um die Jahrtausendwende geschlechtsreif und kann noch das Jahr 2250 „erleben"! Lebewesen mit solch langen Lebensspannen haben vermutlich auch eine extrem geringe Reproduktionsrate. Und die könnte den Methusalems durchaus zum Nachteil gereichen, wenn zu viele von ihnen in Fischernetzen enden.

Riesen und Zwerge unter den Fledertieren

Zwischen der größten und der kleinsten Fledermaus gibt es beachtliche Unterschiede. Zu der nach den Nagetieren artenreichsten Säugetierordnung Fledertiere zählen immerhin über 900 Arten. Die Größten gehören zu den Flughunden. Schon der Name *Pteropus giganteus* spricht für eine außergewöhnliche Größe: Der Indische Flughund, auch

Riesenflughund genannt, erreicht bei einer Körperlänge von
45 cm die stattliche Flügelspannweite von 1,7 m und bringt
dabei bis zu 1,5 kg in die Luft. Der Subkontinent Indien
und die Malediven sind Lebens- und Flugraum dieser für
Fledermausverhältnisse riesigen Früchtefresser. Doch weitere Vertreter aus der gleichen Gattung stehen dem *giganteus*
an Maßen und Gewichten in nichts nach, so der Indonesische Kalong (*Pteropus vampyrum*) oder der Samoa-Flug-
hund (*Pteropus samoensis*). Dabei zeigt der Riese von Samoa
auch noch ein für Fledertiere außergewöhnliches Verhalten: Im Gegensatz zu all seinen nachtaktiven Artverwandten
verlässt er nicht erst zur Dämmerung seinen Schlafbaum,
sondern fliegt sein Territorium tagsüber auf der Suche nach
fruchtenden Bäumen ab.

a

b

Der Größte (Indischer Riesenflughund) (**a**) und die Kleinste (Hummelfledermaus) (**b**)

Ganz am anderen Ende der Größenskala steht bei den Fledertieren die Hummel- oder Schweinsnasenfledermaus (*Craseonycteris thonglongyai*). Während der erste Trivialname auf ihre Winzigkeit anspielt, bezieht sich der zweite Name auf die rüsselartig verlängerte Nase des Tierchens, das mit einer Körperlänge von 2,9–3,3 cm und einem Gewicht von 1,2–3 g zugleich das kleinste Säugetier der Welt ist. Wer so winzig und zudem nur nächtens unterwegs ist, wird leicht übersehen. So auch im Falle der Hummelfledermaus, die erst 1973 in den Kalkhöhlen am weltberühmten Kwai-Fluss („Die Brücke am Kwai", „River Kwai-Marsch") entdeckt wurde. Der Londoner Forscher John E. Hill benannte nicht nur die Hummelfledermaus nach ihrem zwischenzeitlich verstorbenen Entdecker. Er musste auch feststellen, dass das Tierchen sich so stark von allen anderen Fledermausarten unterschied, dass man sie in eine eigene Gattung und eine neue Familie der Chrasionyteridae einreihen musste. Größenmäßig zwischen den Fledermausextremen finden sich weitere interessante Rekordhalter, so der Falsche Vampir (*Vampyrum spectrum*), eine Blattnase. Ursprünglich des Blutsaugens verdächtigt, lebt die mit 76–91 cm Flügelspannweite und einem Gewicht bis zu 190 g größte Neuwelt-Fledermaus fleischfressend. Sie jagt und verzehrt andere Kleinsäuger wie Mäuse, aber auch kleinere Artverwandte. Und schließlich müssen wir, um Winzlinge zu erleben, gar nicht weit verreisen. Unter uns lebt nämlich die Mückenfledermaus (*Pipistrellus pygmaeus*). Mit einem Gewicht von maximal 6 g ist sie noch 1–2 g leichter als unsere Zwergfledermaus (*Pipistrellus pipistrellus*).

Erst in den 1990er-Jahren fiel Fledermausforschern auf, dass uns neben der Zwergfledermaus noch eine zweite, bis dahin unbekannte Miniart umflattert: Während die Zwergfledermaus bei 45 kHz Endfrequenz echoortend unterwegs ist, sendet die Mückenfledermaus um 10 kHz höher bei 55 kHz. Die erwachsenen „Mückenmännchen" haben einen orangefarbenen Penis, während der bei den männlichen „Zwergen" gräulich mit hellen Längsstreifen gefärbt ist. Damit wäre zumindest bei unseren Pipistrellen bewiesen, dass der „kleine Unterschied" schon mal ein großes Unterscheidungsmerkmal sein kann.

Mit Kultur: Konsequenter Fleischfresser

Unter allen hundeartigen Raubtieren (das sind die in 35 Arten weltweit vorkommenden Füchse, Hyänen, Kojoten, Schakale, Wölfe, Wald- und Marderhunde sowie Mähnenwölfe und Dingos) ist der Afrikanische Wild- oder Hyänenhund der entschlossenste Fleischfresser. Wildhunde (*Lycaon pictus*) kommen nördlich der Sahara bis Südafrika vor. Die individuell gefärbten Tiere bilden Rudel, in denen alle Rüden miteinander verwandt sind, ebenso alle Weibchen, diese jedoch nicht mit den Rüden. Während nämlich die Hälfte der Rüden in ihrem Geburtsrudel bleibt, verlassen alle Hündinnen im Alter von zweieinhalb Jahren ihr Geburtsrudel, um in ein anderes zu wechseln.

Wildhunde fressen ausschließlich Fleisch. Sie stellen Tierarten von Kaninchengröße bis zur Größe von Zebras nach, die sie in Hetzjagden erbeuten. Heute leben im einstmals riesigen Verbreitungsgebiet nur noch höchstens 6600 Wildhunde. Von Menschen verfolgt, von Autos überfahren, anfällig für Epidemien (vor allem Tollwut), mit den Löwen als Nahrungskonkurrenten in einem schrumpfenden Lebensraum, wurden die Hetzjäger längst selbst zu Gejagten. „Most wanted", zusammen mit dem Konterfei eines Wildhundes, steht auf vielen Handzetteln und Anschlägen in afrikanischen Nationalparks. Nicht etwa, weil man den absoluten Fleischfressern noch weiter nach dem Leben trachtet, sondern weil Parkverwaltungen und Naturschützer jeden Hinweis zu aktuellen Aufenthaltsorten dieser rastlosen Jäger sammeln, um die letzten Rudel in ihren riesigen Revieren von mehreren hundert Quadratkilometern besser zu schützen. Auch wenn uns ihre Jagdweise brutal vorkommt: Afrikanische Wildhunde sind hochsensible und -soziale Tiere, die ihre Freundschaft untereinander durch viele besondere Verhaltensweisen ausdrücken und festigen und die allesamt äußerst fürsorglich bei der Versorgung des Nachwuchses mithelfen, der wie bei den Wölfen ausschließlich vom Alphapaar des Rudels stammt. Sie entwickeln nicht nur bei der Auswahl bestimmter Beutetiere über Generationen hinweg Jagdtraditionen, sondern geben auch ihr Wissen um wichtige Ressourcen in ihrem „Wildhund-Königreich" (Revier) wie Wasserstellen, Beutetierkonzentrationen und Reviergrenzen an die nächste Generation weiter. Damit reichen Hyänenhunde nicht nur ihr genetisches, sondern auch ihr kulturelles Erbe an die Nachkommen weiter – eine Fähigkeit, die bisher exklusiv uns Menschen zugeschrieben wurde. Mit der genaueren Kenntnis der Wildhund-Sozialbeziehungen ist selbst diese Barriere gefallen. Wir müssen begreifen, dass wir unseren Mitgeschöpfen in vielem näher stehen, als manchen von uns lieb ist – eine Erkenntnis, die uns weniger Angst machen, sondern viel mehr stärken sollte in unserem Bemühen, die Wildgeschöpfe zu erhalten.

Höher und höher: Der höchste Flieger

Spätestens seit dem Erfolgsfilm „Nomaden der Lüfte" ist bekannt, dass Streifengänse (*Anser indicus*) alljährlich sogar die höchsten Erhebungen des Himalajas auf dem Zug zwischen Sommer- und Winterquartieren fliegend überqueren. Das sind immerhin satte 9000 Höhenmeter. Der absolute Höhenrekord im Tierreich liegt dennoch deutlich über dieser sich jährlich wiederholenden Leistung. Ihn stellte am 29. November 1973 ein Sperbergeier (*Gyps rueppellii*) über Abidjan an der afrikanischen Elfenbeinküste auf. In 11.277 m Höhe geriet er in das Triebwerk eines Verkehrsflugzeugs. Letzteres konnte nach Abschalten des schwer beschädigten Bauteils zwar noch sicher landen, aber der unglückliche Sperbergeier hatte leider so gar nichts mehr von seinem Höhenrekord.

Auch Singschwäne waren auf ihrem Überwinterungsflug von Island nach Irland über den Äußeren Hebriden schon in 8230 m Höhe unterwegs. Die meisten Zugvögel liegen allerdings mit ihren Reisehöhen von unter 1500 m deutlich unter den nachgewiesenen Höhenrekorden.

Nachdem Rekorde immer fair aufgestellt werden sollten, bleibt anzumerken, dass eigentlich den Streifengänsen der Höhenrekord zusteht: Sie erreichen diese Höhen nicht nur regelmäßig, sondern vor allem auch durch aktives, kraftaufwendiges Fliegen, während Geier als Thermiksegler vieles der aufsteigenden Wirkung der Luft überlassen, bevor ihnen die (Höhen-)Luft ausgeht.

Unglaublich rasant:
Der schnellste Flieger

Wenn wir an schnelle Flieger denken, fallen uns sicher die Falken ein. Sie sind, allen voran der Wanderfalke (*Falco peregrinus*), allerdings nur Rekordhalter im Sturzflug. Wenn sich ein Wanderfalke aus großer Höhe auf seine angepeilte

Vogelbeute herabstürzt, kann er über 200 km/h, maximal sogar über 350 km/h erreichen. Schneller als Falken im Geradeausflug bei gleichbleibender Flughöhe sind jedoch Vögel, denen man solche Spitzenwerte auf den ersten Blick gar nicht zutrauen würde. Einige Enten- und Gänsearten wie Mittelsäger, Eiderente oder Spornflügelgans sind so kräftige Flieger, dass sie ausnahmsweise sogar Fluggeschwindigkeiten von 90–100 km/h erreichen können.

Schwertransporter: Der schwerste Flieger aller Zeiten

Das war kein Vogel, sondern ein Reptil – nämlich der vor 70 Mio. Jahren im heutigen Nordamerika sowie Senegal und Jordanien lebende Flugsaurier *Quetzalcoatlus northro-*

pi. Bei einer Flügelspannweite von 11–12 m musste er ein Gewicht von 86–113 kg in die Luft bringen. Der über die Pampas Südamerikas segelnde Neuweltgeier *Argentavis magnificus* erreichte bei einer Flügelspannweite von über 6 m (eventuell sogar bis zu 7,6 m) als größter flugfähiger Vogel aller Zeiten schon die Dimension eines kleinen Segelflugzeugs und mit ca. 80 kg das Gewicht eines ausgewachsenen Mannes. Damit liegt allein schon dieser Geier deutlich über dem theoretischen Grenzwert, den man für „Fluggeräte" mit Flatterflugeigenschaften rechnerisch für möglich hält.

Tierische Airforce No. 1: Der längste Flug

Küstenseeschwalben (*Sterna paradisaea*) sind die aussichtsreichsten Anwärter für diesen Rang. Wenn sie alljährlich von ihren Brutplätzen an den Küsten des Nordpolarmeeres bis an das andere Ende der Welt in die Antarktis unterwegs sind, umfasst ihre Reisestrecke auf dem kürzesten Weg rund 16.000 Reisekilometer. Da die meisten Küstenseeschwalben jedoch nicht die direkte Route wählen, sondern den Küstenlinien folgen – schließlich gilt auch hier: nomen est omen! – und dabei noch tägliche Futterflüge unternehmen, bewältigen viele Tiere jährlich mehr als 50.000 Flugkilometer.

Noch viel längere Nonstop-Flüge unternehmen die Rußseeschwalbe (*Sterna fuscata*) sowie Arten der Seglerfamilie, zu der unser Mauersegler zählt. Jungvögel dieser Arten fliegen nach dem Verlassen ihrer Brutkolonien oft mehr als ein

Jahr ohne Unterbrechung, bis sie als erwachsene Vögel an den Ausgangspunkt ihrer Flugreise zurückkehren. Für unseren Mauersegler (*Apus apus*) wurde berechnet, dass er in den zwei Jahren vom Flüggewerden bis zum Zeitpunkt seiner ersten Landung am möglichen Brutplatz bis zu 500.000 Flugkilometer Nonstop zurückgelegt hat! Das gelingt nur durch eingelegte Segelstrecken und Kurzschlafphasen, in denen eine Hirnhälfte ruht, während die andere die Wachfunktion übernimmt – etwa so wie das Pilot und Copilot bei Langstreckenflügen tun. Verglichen mit *Apus apus* bleibt aber selbst Airforce No. 1, das legendäre Flugzeug des amerikanischen Präsidenten, eine flügellahme Ente.

Langstreckenflieger Küstenseeschwalbe

Weltrekord im Nonstop-Flug

Ohne partielle Schlafpausen in der Luft wie die Mauersegler gilt die auch an der Nordseeküste zu beobachtende
Pfuhlschnepfe als bemerkenswerter Dauerflieger. Neuseeländische Wissenschaftler hatten 16 Tiere dieser mit der
heimischen Uferschnepfe nahe verwandten Watvogelart mit
kleinen Sendern ausgestattet, um die Flugleistungen her-
auszufinden. Während einige der mit Sender ausgestatteten
Vögel auf ihrem Flug von den neuseeländischen Winterquartieren in ihre Brutgebiete – die arktische Tundra –
eine Rast auf Papua Neuguinea, den südlichen Philippinen oder einer mikronesischen Insel einlegten, flogen vier
Sendervögel ohne Pause bis China oder Korea. Rekordhalter war ein Tier, das neun Tage lang von Neuseeland
bis ans nördliche Ende des Gelben Meeres fliegend unterwegs war und dabei mit 10.220 km den längsten, bisher
aufgezeichneten Nonstop-Flug eines Vogels zurücklegte.
Wahrscheinlich könnten Pfuhlschnepfen (*Limosa lapponi-
ca*) solche Flugleistungen häufiger erbringen. Dem steht das
Schwarmverhalten der Tiere auf ihren Wanderungen entgegen. Wenn ein Vogel der in kleinen Schwärmen von 30–
70 Tieren ziehenden Pfuhlschnepfen irgendwo erschöpft
zur Erde runter geht, fühlt sich wohl der ganze Schwarm
zur Zwischenlandung veranlasst.

Auch in Mitteleuropa sind Pfuhlschnepfen an der Küste häufige Durchzügler und Wintergäste, vor allem an der
Nordsee. Ihre Winterquartiere sind die Küsten Westeuropas
sowie die afrikanische Atlantikküste. Auch hier ziehen sie
Tag und Nacht und können dabei etliche 1000 km Flugstrecke ohne Pause zurücklegen. Um Energie zu sparen, richten

die Vögel ihre Flughöhe nach den jeweils günstigsten Windströmen aus. Woher weiß man das? Mithilfe von Zielfolgeradar lässt sich der Luftraum nicht nur militärisch überwachen, sondern gibt so auch manche Geheimnisse unserer gefiederten Langstreckenflieger preis.

Flatterhaftes:
Mit schnellen Flügelschlägen

Wenn ein Graureiher oder ein Höckerschwan sich in die Luft erheben, kann man jeden einzelnen ihrer 2–3 Flügelschläge pro Sekunde genau verfolgen. Bei Enten mit ihren 5–10 Schlägen pro Sekunde ist die Schlagfolge dagegen schon schwerer aufzulösen und bei schwirrenden Kolibris mit über 50 Flügelschlägen pro Sekunde kann nur noch ein zeitgedehnter Film die einzelne Flügelbewegung für unsere Augen darstellen. Noch viel schneller und häufig auch hörbar ist die Schlagfolge bei den Insekten. Hummeln sind mit ungefähr 200 Flügelschlägen pro Sekunde unterwegs. Bei Stubenfliegen sind es ungefähr 330, bei den nervenden Stechmücken knapp 400 – und manche Zuckmücken bringen es sogar auf über 1000 Flügelschläge in der Sekunde.

Leistungsstarker Langstreckenflieger

Die weiteste Flugstrecke, die bisher für eine europäische Fledermausart dokumentiert wurde, legte eine Rauhautfledermaus (*Pipistrellus nathusii*) zurück. Diese kleine Fledermaus wurde in Lettland markiert und später 1905 km

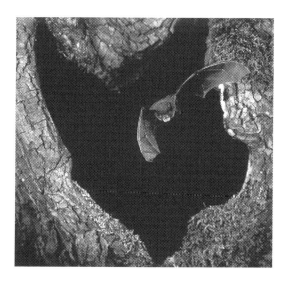

südlich in Kroatien wiedergefunden. Weitere Höchstleistungen wurden von der Zweifarbfledermaus (*Vespertilio discolor*) mit 1787 km, dem Großen Abendsegler (*Nyctalus noctula*) mit 1600 km und dem Kleinabendsegler (*Nyctalus leisleri*) mit 1568 km aufgestellt. Die tatsächlich zurückgelegten Flugstrecken der nachtaktiven Tiere dürften noch weit größer sein als die direkten Entfernungen zwischen den Markierungs- und Wiederfundorten, denn die Zugwege der wandernden Fledermäuse zwischen ihren Sommer- und Winterlebensräumen verlaufen sicher nicht geradlinig. Vielmehr folgen sie markanten Landschaftsstrukturen wie Flüssen, Tälern oder Waldrändern. Von bisher über 1 Mio. in Europa markierten Fledermäusen hat das Bonner Museum Koenig 7366 Wiederfunde ausgewertet, die in größerer

Entfernung zum Markierungsort gelangen. Danach lassen sich die 36 untersuchten europäischen Fledermausarten aufgrund ihres Wanderverhaltens in drei Gruppen einteilen: stationäre Arten, die nicht weit wandern (etwa Langohren und Hufeisennasen), regionale Wanderer mit Entfernungen von 100–800 km (beispielsweise Mausohren) und Fernwanderer wie die Rauhaut-, Zweifarbfledermaus oder der Große und der Kleine Abendsegler, die zugvogelgleich alljährlich 1500–2000 km zwischen Sommerquartieren und Überwinterungsplätzen zurücklegen. Wie unsere fliegenden Kobolde der Nacht strategisch auf den Klimawandel reagieren werden, liegt noch ganz und gar im Dunkeln.

Der giftigste Frosch

Der giftigste Frosch ist ein Pfeilgiftfrosch mit dem furchtbaren Namen *Phyllobates terribilis* (Schrecklicher Pfeilgiftfrosch). Im Gegensatz zu Schlangen oder Skorpionen haben Frösche keinen giftigen Biss oder Stich. Sie geben ihre toxischen Substanzen nur über die Haut ab, warnen aber ihre Fressfeinde „freundlicherweise" mit grellen Farben, von der unbekömmlichen, ja tödlichen Mahlzeit unbedingt abzusehen. Etwa 60 Arten von Farbfröschen der Gattungen *Dendrobates* und *Phyllobates* produzieren die tödlichsten tierischen Gifte, die man kennt – aber die Hautabsonderung von *Phyllobates terribilis* übertrifft an Giftigkeit alle anderen. Dieser grellgelbe bis orange, 3,5 cm lange Pfeilgiftfrosch wurde erst 1973 im westlichen Kolumbien entdeckt. Sein Gift ist eine Mischung aus Batracho- sowie Homobatrachotoxinen und um etwa 20-mal giftiger als das Gift jedes anderen Farbfrosches. Die Giftmenge von 0,0019 g, die jedes Exemplar permanent mit sich trägt, könnte tatsächlich fast 1000 Menschen töten. So geschützt hat der „Schreckliche" nur zwei echte Feinde: Schlangen der Art *Leimadophis epinephelus* und die Chocó-Indianer. Erstere scheinen gegen das Gift immun zu sein, zweitere hüten sich vor jeder Berührung mit dem Giftfrosch. Sie stellen ihm jedoch nach, um mit den im Froschsekret getränkten Blasrohrpfeilspitzen selbst große Raubtiere sekundenschnell töten zu können. Während man lange Zeit annahm, dass Farbfrösche ihr Gift selbst produzieren, deuten jüngste Forschungsergebnisse darauf hin, dass diese Amphibien einen beträchtlichen Anteil des Giftes über die Nahrung, etwa giftige Insekten, aufnehmen.

Phyllobates terribilis

Der kleinste Frosch

Der kleinste Frosch der Welt und gleichzeitig auch das kleinste Amphib ist der Kubanische Zwergfrosch (*Sminthillus limbatus*). Diese Winzlinge sind ausgewachsen von der Schnauzenspitze bis zum After gerade 0,85–1,2 cm lang – oder besser kurz. Allerdings wird dieser Rekord von mehreren Froscharten der Gattung *Elentherodactylus* sowie dem kleinsten Mitglied der Froschfamilie Microhylidae aus Brasilien hart bedrängt. Alle diese Zwergfrösche haben eine durchschnittliche Körperlänge von knapp unter 1 cm. Dagegen ist die kleinste Kröte der Welt, die in Afrika beheimatete *Bufo taitanus beiranus*, mit maximal 3 cm Körperlänge schon fast wieder riesig.

Dass Kaulquappen bei verzögerter Entwicklung zu fast doppelt so großen „Riesenlarven" heranwachsen können, wissen wir von einheimischen Froschlurchen. Außergewöhnlich ist dagegen das Verhältnis von erwachsenem Frosch zu jugendlicher Kaulquappe beim südamerikanischen Harlekinfrosch (*Pseudis paradoxus*). Im Amazonasgebiet und auf der Insel Trinidad geschieht regelmäßig ein „Schrumpfprozess", wenn sich die Harlekinfrosch-Kaulquappen von durchschnittlich 16,8 cm Größe (maximal 25 cm) in einen winzigen Frosch von 5,6–6,5 cm verwandeln. Dabei müssen alle lebenswichtigen Organe, einschließlich des Herzens, so gewaltig schrumpfen, dass man lange Zeit die Larve und den Frosch für zwei verschiedene Arten hielt. Bis heute kennt man den Grund für diese Größenveränderung nicht. Oft ist halt das richtige Leben in der Natur – wie hier – den Fantasien von Filmregisseuren weit voraus, denn das Schrumpfen der Harlekinfrösche war sicher nicht Vorbild für den Film „Mein Gott, was sind die Eltern geschrumpft".

Gehirn statt Sperma: Das schwerste Gehirn

Der Pottwal besitzt mit durchschnittlich 7,8 kg, maximal sogar 9,2 kg, unter allen Lebewesen das schwerste Gehirn. In Relation zu seinem Körpergewicht ist es mit nur 0,02 % dennoch eher leicht. Dagegen tragen wir Menschen mit durchschnittlich 1,4 kg Gewicht viel mehr Hirn im Verhältnis zu unserem Körpergewicht mit uns herum. Doch das schwerste Gehirn ist nicht der einzige von *Moby Dick* gehaltene Rekord. Pottwale, durch den Roman von Herman Melville wohl die berühmtesten aller großen Walarten, sind auch Rekordhalter im Tieftauchen. Mit Sonarmessungen konnte man Tauchtiefen von 1200 m nachweisen. In 1140 m Tiefe fand man schon die Leichen von Pottwalen, die sich offensichtlich bei der Jagd nach ihrer Vorzugsbeute, riesigen Kraken, unentrinnbar in Tiefseekabeln verfangen hatten. Ein „Scheinrekord" bezieht sich dagegen auf ihren englischen Namen „sperm whale": Im gewaltigen Pottwalkopf befindet sich eine ölige Flüssigkeit („Walrat"), die man irrtümlich für Sperma hielt. Heute weiß man, dass das den oberen Teil des Pottwalkopfes fast ganz füllende Walratorgan zur Steuerung des Auftriebs beim Tieftauchen dient. Die im Walratorgan liegenden Nasengänge und Luftsäcke werden wohl zu dessen Abkühlung und Erwärmung

genutzt. Wenn der Pottwal vom warmen Oberflächenwasser in kältere Schichten hinabtaucht, flutet er seine
Nasengänge. Dabei wird der Walrat von der normalen
Körpertemperatur von 33,5 °C auf unter 29 °C abgekühlt.
Dabei verfestigt sich der Walrat, schrumpft und erhöht so
die für den Abstieg sinnvolle Dichte des Walkopfes. Wenn
der Wal beim Aufstieg das Meerwasser wieder ausbläst,
steigert sich die Durchblutung, was zur Erwärmung und
Verflüssigung des Walrats führt. Das jetzt leichtere Walrat erleichtert so dem Extremtaucher den Aufstieg. Ein
Nachteil hat das Ausblasen dennoch: Der Blas verrät den
Walfängern den Aufenthalt von Moby Dick und anderen
schon von weitem.

Ein echter Stangenwald:
Die größten Geweihe

Im Körperbau den Antilopen nicht unähnlich, unterscheiden sich die Hirsche auch von anderen Wiederkäuern durch
ihr Geweih – eben Stangen, die sich bei den Männchen dieser Tierfamilie auf Knochenzapfen des Stirnbeins erheben.
Hormone lösen das Geweihwachstum aus. Die Abnahme
der Geschlechtshormone nach der Paarungszeit führt dazu,
dass besondere Zellen an der Geweihbasis das Knochen-
gewebe auflösen; die Geweihstangen lockern sich und fallen schließlich ab. Bis auf das Chinesische Wasserreh tragen
die Männchen aller anderen 37 Hirscharten periodisch eine
solche Kopfzier, die mit ihrer Größe zunimmt. Einige Arten, vor allem in tropischen Lebensräumen, bilden nur Spie-

ße oder Knöpfe. Gleichsam als „Geweihersatz" tragen Wasserrehmännchen lange obere Eckzähne als primitive Waffen, wie sie für die Hirsche zu Beginn ihrer Evolutionsgeschichte vor 30 Mio. Jahren typisch waren.

Der prächtige Kopfschmuck der männlichen Hirsche ist beileibe kein Ersatz für die Hauer im Sinne einer Kampfwaffe, sondern zeigt vor allem den Weibchen schon von weitem, wer die besten Gene in sich trägt. Nur wer gut im Futter steht, besonders groß und kräftig ist, kann sich den Luxus eines großen Geweihs leisten. Während die Hörner anderer Wiederkäuer überwiegend als Angriffs- und Verteidigungswaffen dienen, sind Hirschgeweihe vor allem Statussymbole. Einzig unter den Echten Hirschen tragen beim Rentier auch die Kühe Geweihe. Beim größten lebenden Hirsch, dem Elch (*Alces alces*), kann das Geweih 2 m breit und 30 kg schwer werden. In der Regel sind die Geweihe der bis zu einer Schulterhöhe von 2,3 m großen und bis zu 800 kg schweren Elchbullen zwar schwerer, aber kleiner als die des amerikanischen Wapiti (*Cervus canadensis*), dessen Knochenstangen regelmäßig 1,5 m und länger werden.

Alle heute lebenden Arten werden jedoch hinsichtlich der Geweihgröße vom ausgestorbenen Europäischen Riesenhirsch (*Megaloceros giganteus*) in den Schatten gestellt. Dessen Geweih wies eine Spannweite von 4 m auf und machte etwa ein Zehntel seines Körpergewichts aus. Bis vor 10.000 Jahren bevölkerte er das europäische Festland. Ein Männchen, aus einem irischen Moor geborgen, trug ein Geweih von 4,3 m Spannweite und einem Gewicht von 45 kg. Bei einer Schulterhöhe von 1,83 m und einem Körpergewicht um 500 kg wog dieser Luxus ganz schön schwer – eventuell vielleicht zu schwer, um damit nur bei der Weiblichkeit Eindruck zu schinden. Übertriebene Statussymbole können eben leicht in den Ruin führen …

Lebende Langhälse: Der längste Hals

„Auf dass die Kinder lange Hälse bekommen", braucht man Giraffen nicht zu wünschen. Deren hervorstechendes Merkmal ist ihr langer Hals, mit dem sie sich von Blättern und Zweigen ernähren können, die sich für alle anderen der zahlreichen pflanzenfressenden Savannenbewohner außerhalb jeder Reichweite befinden. Bei einer Gesamthöhe von 4–5 m ist ein ausgewachsener Giraffenhals rund 2 m lang. Neben ihrer enormen Halslänge sind Giraffen auch die langbeinigsten Tiere der Welt und somit insgesamt in puncto Körperhöhe die größten Landtiere. Ihre Größe, die typische Netzzeichnung sowie ihre außergewöhnlichen Körperproportionen machen sie unverwechselbar.

Der Giraffenhals wird gerne als Beispiel für eine durch natürliche Auslese erfolgte Anpassung genannt. Dass die Giraffenarten im Verlaufe ihrer Evolution in die „Höhe schossen", verschaffte ihnen vor allem bei Nahrungsknappheit einen Vorteil gegenüber der Konkurrenz der kleineren Laubfresser. Größere Tiere verhungerten dann seltener, so dass mehr von ihnen überleben und ihre „Langhalsgene" weitergeben konnten. Im Aufbau lässt sich der Giraffenhals mit einem Baukran vergleichen: Die sieben stark verlängerten Nackenwirbel, ebenso viele wie bei allen anderen Säugetieren, sind durch Sehnen und Muskeln, ähnlich den

Krankabeln, mit einem Ansatzpunkt am Rückenhöcker verbunden. Dieses „Gerüst" birgt die „Röhren", durch die Luft von und zu den Lungen und Futter von und zum Pansen gelangt. Bei Giraffen als größte lebende Wiederkäuer wird das wiederzukäuende Futter aus dem Pansen als tennisballgroßer Klumpen hochgewürgt und nochmals durchgekaut – angesichts der Halslänge ein nicht ganz leichtes Geschäft! Sowohl für die Atmung als auch für das Herz-Kreislauf-System stellt der Rekordhals eine besondere

Herausforderung dar. Weil die über 1,5 m lange Luftröhre etwa 3 l Luft enthält, ist sie zwischen Lungen und Nüstern mit einer Mischung aus frischer und verbrauchter Luft gefüllt. Diese Luftmenge muss zusätzlich zur Luft, die in die Lungen gelangt, bewegt werden. Deshalb muss eine Giraffe deutlich häufiger atmen als wir „kurzhalsigen" Menschen. Während unsere Atemfrequenz in Ruhestellung etwa bei 12–15 Atemzügen pro Minute liegt, muss eine erwachsene Giraffe in der gleichen Zeit etwa 20-mal schnaufen. Um das Giraffenblut zum Hirn zu pumpen, ist sogar ein doppelt so hoher Pumpdruck notwendig wie der bei einer Kuh. Dabei regulieren spezielle Venenklappen im Hals der Tiere den Blutstau zum Gehirn, wenn sie ihren Hals zum Äsen in hohen Bäumen noch länger machen oder ihn zum Trinken zur Erde herabbeugen.

Neben der Steppengiraffe, die in Afrika südlich der Sahara im offenen Wald und bewaldeten Grasland in neun nach ihrer Fellzeichnung zu unterscheidenden Unterarten vorkommt, lebt im dichten Regenwald des nördlichen und nordöstlichen Kongobeckens das Okapi, die geheimnisvolle Waldgiraffe. Wesentlich kurzhalsiger als ihre Steppenverwandten, teilen Okapis mit den „Langhälsen" allerdings ein besonderes Merkmal: Ihre fast 50 cm langen, sehr beweglichen Greifzungen, mit denen sie elegant Blätter abpflücken oder sich über die Augen streichen können, sind die längsten Zungenapparate aller Huftiere. Im Vergleich zur Körpergröße hält den Zungenrekord dennoch eine andere Art.

Klopfzeichen: Heftige Herzfrequenzen

Wenn nicht gerade ein aufregender Geschäftsablauf zu erledigen ist oder kein Besuch der attraktiven Kollegin im Nachbarbüro ansteht, hat der normale Bürosofty eine Puls- bzw. Herzfrequenz von etwa 60 Schlägen pro Minute. Bei den (übrigen) Säugetieren sind die Werte völlig verschieden und meist deutlich höher. Ein Igel bringt es auf ungefähr 300 Schläge pro Minute (im Winterschlaf dagegen nur 16), ein Goldhamster auf etwa 500, eine Fledermaus sogar auf über 600. Die höchsten bisher ermittelten Werte zeigte eine – möglicherweise leicht aufgeregte – Waldspitzmaus mit 1320 Herzschlägen pro Minute.

Erstaunlicherweise ist auch bei den meisten Vögeln im Vergleich zum Menschen geradezu Herzrasen festzustellen: Ein Bussard hat über 200 Herzschläge pro Minute, eine Ente bis zu 350, ein Huhn bis zu 375, ein Mauersegler gar 700 und ein Sperling bis zu 850 (und das auch noch bei überhohem Blutdruck).

Die größten Hörner: Nicht aufgesetzt, sondern aufsitzend

Manch männlicher Vertreter unserer eigenen Spezies läuft – (zunächst) von ihm unbemerkt – mit aufgesetzten Hörnern durch die Gegend. Während dies für den Träger höchste Schmach bedeutet (schließlich wurden sie ihm durch das Fremdgehen seiner Partnerin aufgesetzt), sind sie am Kopf der männlichen Rinder und Antilopen Waffe und ausgesprochene Zier. Hier darf der Wasserbüffel (*Bubalus arnee*) mit einer maximalen Hornspannweite von 4,24 m, gemessen von Spitze zu Spitze über ihre Außenwölbung, alle anderen Arten und auch den größeren Gaur hinter sich lassen. Bei den Hausrindern (*Bos taurus*) wird der Rekord übrigens von einem texanischen Longhornochsen mit einer Hörnerspannweite von 3,2 m gehalten. Wer als Mann solche Hörner aufgesetzt bekäme, würde damit durch keine Tür mehr passen.

Das einzige Tier, das seine Hörner abwirft

Naturkundlich gebildete Menschen wissen, dass Hirsche ihr Geweih jährlich nach der Fortpflanzungszeit abwerfen, um anschließend vor der Paarungszeit wieder ein neues zu schieben, während Antilopen und Rinder ihre Hörner – falls vorhanden – ein Leben lang mit sich herumtragen. Dennoch gibt es ein Horntier, das es den Hirschen gleich tut. In Aussehen und Verhalten den afrikanischen Gazellen nahestehend, stellt man den amerikanischen Gabelbock aufgrund neuerer morphologisch-molekularer Untersuchungen in eine eigene Familie. Die in vier Unterarten im offenen Gras- und Buschland, seltener auch in offenen

Nadelwäldern, im Westen der USA, Kanadas und in Teilen Mexikos lebenden Wiederkäuer besitzen verbleibende Hörner. Deren Hornscheide wird hingegen jährlich gewechselt. Beide Geschlechter tragen schwarze Hörner. Wie Rinderhörner bestehen diese aus einem knochenartigen Kern, der von einem Keratinmantel umschlossen ist und – das ist einzigartig unter den Hornträgern – nach der Fortpflanzungsperiode abgeworfen wird. Mit ihren Horngabeln tragen die Gabelbockmännchen – wie alle Hornträger – als territoriale Konkurrenten Kämpfe aus, die stark ritualisiert ablaufen.

Der wirklich dickste Hund

Einen „dicken Hund" hat sich – mal ehrlich! – schon mancher von uns geleistet, wenn uns ein grober Fehler unterlief.

Wem denn je der „dickste Hund" gelang, ist sicher ebenso subjektiv wie kaum jemals nachprüfbar. Dennoch hat
diese häufig gebrauchte Redensart tatsächlich etwas mit dicken Vierbeinern zu tun. Ihre Wurzeln sind wohl im Mit-
telalter zu suchen. Damals galt es als schwere Beleidigung,
wenn man einen verfetteten (dicken) Hund hingeworfen
bekam. Wer aber trägt diesen Titel zu Recht? Bernhardi-
ner und Altenglische Mastiffs könnten sich darum streiten,
es sind die beiden schwersten Hunderassen der Welt. Ausgewachsene Männchen bringen zwischen 77–91 kg auf die
Waage. Den Rekord als dickster Hund hält ein Altengli-
scher Mastiff namens Zorba, der bei einer Schulterhöhe von
94 cm verbürgte 155,58 kg wog. Damit war er der schwerste
(dickste) Hund aller Zeiten, nicht aber der größte. Diesen
Titel verdient eine in England gehaltene Deutsche Dogge.
Bei einem „Gardemaß" von 1,05 m Schulterhöhe wog sie
108 kg. Die Deutsche Dogge ist ohnehin die größte Haus-
hundrasse, bringt dabei aber nicht – die Doggenfreunde
wird es freuen – die dicksten Hunde hervor.

Sicher einer der Ärmsten: Der kleinste Hund

Während die Größenskala der Haushunde von den Deutschen Doggen angeführt wird, stehen am anderen Ende die
seltsamen Yorkshires. Der allerkleinste war ein Terrier dieser
Rasse aus England. Das Leichtgewichtchen von 113 g hätte
bei einer Schulterhöhe von 6,3 cm und einer Gesamtlänge
von 9,5 cm nicht nur bequem in ein Doggenmaul, sondern

fast noch in eine Zigarettenschachtel gepasst. Im zarten Alter von knapp zwei Jahren verstarb dieser Kleinste. Er war sicher auch ein „armer Hund".

Hungerkünstlerin Eisbärfrau

Ausgesprochene Hungerkünstlerinnen sind die trächtigen Eisbärweibchen der kanadischen Hudson Bay Region. Wenn das Eis im Juni oder Juli schmilzt, sind sie zum Landgang gezwungen und bekommen oft erst wieder was zwischen ihre Zähne, wenn sie im nächsten März/April mit ihrem Nachwuchs auf das Eismeer zurückkehren. Bis dahin wanderten die Damen Hunderte Kilometer landeinwärts über Eiswüsten, gruben sich im Schnee Höhlen und gebaren darin ihre 1–2 winzigen Jungen. Die wuchsen, hochgepäppelt von der hungernden Mutter, von unter 1 kg Geburtsgewicht auf ordentliche 10–12 kg heran. Wenn eine Eisbärin acht Monate lang ohne Nahrung überleben und dabei noch zwei Junge mit Milch versorgen kann, müssen ihre Fettreserven schon gewaltig, ihr Hunger nach der Rückkehr in die Jagdgründe sogar noch gewaltiger sein. Immerhin verliert sie während des Winterschlafes ein Drittel bis zur Hälfte ihres Körpergewichts.

Tierischer Riesenhubschrauber: Das größte Insekt

Das größte Insekt, das je die Erde bevölkerte, war eine Libelle aus der Karbonzeit mit dem Namen *Meganeura monyi*. Bis zu 75 cm Flügelspannweite sind als fossile Abdrücke dieses riesigen Insekts überliefert, das vor etwa 300 Mio. Jahre wie seine noch heute lebenden, sehr viel kleineren Verwandten hubschrauberartig unterwegs war. Die erstaunliche Manövrierfähigkeit der Libellen rührt daher, dass die einzelnen Muskeln direkt an den Flügeln angreifen. So können die beiden Vorder- und Hinterflügel jeweils unabhängig voneinander bewegt werden. Doch selbst solche Flugkunst schützt nicht davor, gefressen zu werden. Wo heute Baum- und Rotfußfalken zur Libellenflugzeit die „Teufelsnadeln" oder „Augenstecher" als Vorzugsbeute jagen, war die Riesenlibelle *Meganeura* in den längst vergangenen Epochen ein ebenso gefundenes Fressen für den einen oder anderen Saurier.

Riesenigel ohne Stacheln: Der größte Insektenfresser

Der in Südostasien heimische, rattenähnliche, recht hübsch schwarz gefärbte und mit weißem Kopf gezeichnete Große Haar- oder Rattenigel (*Echinosorex gymnurus*) wird immerhin 26–46 cm lang, trägt einen 17–25 cm langen, nackten Schwanz und erreicht mit 1–2 kg Gewicht etwa das Kaliber eines Kaninchens. Obwohl Igel als Gestachelte und Haarigel ganz unterschiedliche Habitate besiedeln und auch verschiedenen Lebensweisen aufzeigen, stehen bei fast allen 23 Vertretern der beiden Unterfamilien der Igelartigen (Erinaceidae) Käfer und Würmer sowie Raupen, Nacktschnecken, Grillen und Grashüpfer auf dem Speiseplan. Somit könnte man mit einer einzigen Speisekarte alle Igelartigen der ganzen Welt gleichermaßen glücklich machen.

Ein wahrer Herkules: Der größte Käfer

Um den Titel könnten sich theoretisch mehrere Arten streiten. Hinsichtlich der Länge liegen zwei Herkuleskäferarten, die in Mittelamerika, dem nördlichen Südamerika und in der Karibik vorkommen, ganz vorne: *Dynastes hercules* und *Dynastes neptunus*. Dabei haben die *Dynastes hercules*-Männchen mit bis zu 19 cm Länge um ca. 1 cm „die Nase vorn" vor ihren Artverwandten. Mit dem Begriff „Nase vorn" wird die Besonderheit der Herkuleskäfer ganz gut umrissen, denn mehr als die Hälfte der Körperlängen dieser beiden Arten fällt auf deren Kopfzier in Form von zwei an Kopf und Prothorax sitzenden, sich gegenüberliegenden Hörnern. Ohne solche den Wettbewerb verzerrenden Verlängerungen würde der Titel „größter Käfer" eher einem anderen aus der Amazonasregion zustehen, der immerhin 16 cm Länge erreicht und zu Recht den Namen Riesenbockkäfer (*Titanus giganteus*) trägt. Nicht ganz so lang, dafür aber schwergewichtiger kommen Blatthornkäfer der Gattung *Goliathus* aus dem tropischen Afrika daher. Die Männchen von *Goliathus goliatus* (*Goliathus giganteus*) erreichen Spitzengewichte von 70–100 g bei einer Gesamtlänge von 11 cm. Ihnen folgt unter den Schwergewichtlern bei den Insekten als Zweitplazierte eine Langflügelschrecke aus Neuseeland, *Deinacrida heteracantha*. Mit bis zu 70 g Gewicht, verteilt auf 8,5 cm Länge, kann es „Wetapunga", wie sie von den Maori genannt wird, mit den dicksten Käfern aufnehmen.

Rostiges Minikätzchen:
Die kleinste wildlebende Katzenart

Die kleinste wildlebende Katze ist mit 35–48 cm Körperlänge, einer Schwanzlänge von 15–25 cm und einem Gewicht von 1,1 kg (Weibchen) bzw. 1,5–1,6 kg (Männchen) gegen den Sibirischen Tiger ein federgewichtiger Zwerg: Die Rostkatze (*Prionailurus rubiginosus*), benannt nach ihrem rostroten, braun gefleckt und gestreiften Fell, lebt in Südindien und auf Sri Lanka. Dort jagen die „rostigen Kätzchen" im Buschland, im Wald sowie in der Nähe von Gewässern und von Siedlungen als gewandte Kletterer nach Kleinsäugern, Vögeln und Insekten. Davon könnte ihr größter Verwandter niemals satt werden.

Eigenbausteine: Unsere größten und kleinsten Körperzellen

Beim Hantieren mit dem Kugelschreiber passiert es leicht, dass man sich einen satten, ungefähr millimetergroßen Blaupunkt auf die Haut setzt. Mit dieser unplanmäßigen Minitätowierung sind dann ungefähr 1000 Ihrer eigenen Zellen markiert, und zwar nur diejenigen aus der alleroberten Hautschicht. Darunter geht es natürlich fröhlich weiter, denn alle Teile unseres Körpers bestehen aus Zellen – mikroskopisch kleinen Gebilden, die man nur ausnahmsweise mit dem bloßen Auge erkennen kann. Schon allein unsere roten Blutzellen, die überaus zahlreich auch in den Blutgefäßen der tieferen Hautschichten unterwegs sind, könnte man als ausgesprochene Winzlinge bezeichnen – etwa 25.000 von ihnen füllen gerade mal eine Fläche von $1\,\text{mm}^2$ aus, und rund 5.000.000 davon sind in $1\,\text{mm}^3$ Blutflüssigkeit enthalten. Wesentlich größer sind auch die meisten Zellen des Hautbindegewebes, der Knochen oder anderer wichtiger Bauteile nicht: Die meisten von ihnen weisen Durchmesser von 30–50 µm auf. Zu den kleinsten menschlichen Zellen gehören die männlichen Geschlechtszellen oder Spermien (etwas unzutreffend auch Samenzellen genannt) – der entscheidende Zellkopf, der das väterliche Erbgut transportiert, hat einen Durchmesser von ungefähr 3 µm. Das andere Ende der Größenskala menschlicher Körperzellen besetzt die weibliche Eizelle; sie ist knapp 0,12 mm lang und breit und fast schon mit bloßem Auge sichtbar. Das Volumenverhältnis Spermium – Eizelle klafft dagegen deutlich weiter auseinander und beträgt etwa 1:60.000. Die größten bzw.

längsten Körperzellen sind die Nervenzellen, genauer deren als Axone bezeichneten Fortsätze. Sie können im Gehirn mehrere Zentimeter Länge aufweisen und im peripheren Nervensystem des Körpers mehrere Dezimeter.

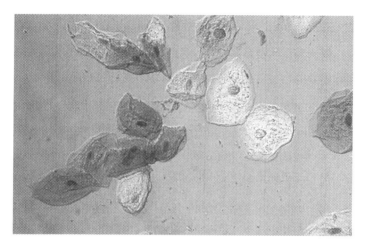

Durchaus im Mittelmaß: Zellen aus der Mundschleimhaut

Kiwis: auch durch Reviermarken aus Kot am säugetierähnlichsten

Die säugetierähnliche Lebensweise des Kiwis führt zu auch merkwürdigen, unter den Vögeln eher außergewöhnlichen Verhaltensweisen. So markieren Kiwis ihre Reviergrenzen mit Kot. Ein eigentlich säugetiertypisches Verhalten, das man bei Vögeln sonst so gut wie nicht findet, aber dennoch Sinn macht: Kiwis haben nämlich, wiederum vogelunty-

pisch, gute „Nasen". Ihre Nasenöffnungen liegen an der
Spitze und nicht an der Basis des Schnabels wie bei den
meisten anderen Vögeln. Auch legen Kiwis innerhalb ihres Reviers zahlreiche Baue an, die wechselweise genutzt
werden und sowohl zum Schlafen wie auch als Bruthöhle
dienen.

Wie aus einer verschollenen Zeit: Das größte Krokodil

Das Leistenkrokodil (*Crocodylus porosus*) ist nicht nur das
größte Krokodil, sondern zugleich auch das größte Reptil
der Welt. Mit ca. 3,2 m Länge sind die Männchen, mit etwa 2,2 m Länge die Weibchen dieser Art geschlechtsreif.
Doch ab diesem Zeitpunkt wachsen sie fast unaufhörlich
weiter und erreichen Maximallängen von 7 m und mehr.
Somit muss man Berichte von 9–10 m großen Leistenkro-
kodilen nicht unbedingt in den Bereich der Fabeln zu verweisen. Von allen Krokodilen erreicht das Leistenkrokodil
auch die weiteste Verbreitung. Es kommt in allen geeigneten
Lebensräumen des tropischen Asiens und des Pazifiks vor,
von den Inseln des Indischen Ozeans, den Küsten Indiens,
auf Sri Lanka bis zum südostasiatischen Festland, den in-
donesischen Inseln, den Philippinen, auf Neu-Guinea und
möglicherweise auch auf Fidschi. Weil es im offenen Ozean
überlebensfähig ist, konnte dieses „Salzwasserkrokodil" viele
abgelegene Inseln erreichen und besiedeln. In der heutigen
Zeit können allerdings nur wenige Exemplare bis zu ihrer
Maximalgröße heranwachsen, weil der Jagddruck auf Leis-

tenkrokodile enorm ist. Rekordverdächtig ist ein Leistenkrokodil aus dem Segama-Fluss im Norden Borneos. Vom
dortigen Volk der Seluke als heilig verehrt, sichtete Anfang
des 20. Jahrhunderts ein Plantagenbesitzer das riesige Tier,
als es sich auf einer Sandbank sonnte: Der Abdruck, den es
im Sand hinterließ, hatte eine Länge von stolzen 10,05 m.

Große Krokodile wirken wie lebende Fossilien

Einfach riesig:
Das größte heutige Landtier

Den Rekord hält ein Riesenbulle des Afrikanischen Steppenelefanten, der am 7. November 1974 von dem amerikanischen Großwildjäger E. M. Nielsen in der Nähe
von Mucusso in Südangola (unnötigerweise?) erlegt wurde.
Im liegenden, ausgestreckten Zustand hatte der Bulle eine

Schulterhöhe von 4,17 m, was eine Stehhöhe von 3,97 m
ergibt. Im gleichen Gebiet schoss der ungarische Großwildjäger J. J. Fenykoevi 1955 einen Bullen, der liegend
eine Schulterhöhe von 4,07 m, stehend eine Endgröße von
3,81 m aufwies. Sein Gewicht schätzte man auf über 10 t,
wobei die abgezogene Haut bereits 1,8 t wog. Heute kann
man diesen Bullen als Präparat im National Museum in
Washington (D.C.) bewundern. Ähnliche Höhen erreichen
wohl die hochbeinigen Wüstenelefanten im Dammaraland
in Namibia. Auch einzelne Asiatische Elefantenbullen können beachtliche Körpergrößen aufweisen und sich damit in
die oberen Ligen der Afrikanischen Steppenelefanten einreihen. Der vermutlich größte Asiatische Elefant, der je erlegt
wurde, war ein 1871 von W. H. Varian auf Ceylon geschos-
sener Bulle mit einer Schulterhöhe von 3,33 m bei einer
Rückenhöhe von 3,53 m (bei den Asiatischen Elefanten ist
der Rücken der höchste Körperpunkt). An Maharadscha-
Höfen gehaltene Bullen brachten es auf Rückenhöhen von
über 3,3 m.

Ein wahrer Riese, dazu noch mit gewaltigen Stoßzähnen,
war der 2011 verstorbene Colonel Joe, der als sicher größter Zirkuselefantenbulle im Circus Krone zu bestaunen war.
Der gelehrige, über 40-jährige Dickhäuter stand mit einer
Rückenhöhe um 3,3 m den früheren Riesen an den Mahara-
dscha-Höfen in nichts nach. An Wohlgenährtheit dürfte er
diese Prunkelefanten allemal übertroffen haben. Gewaltige
Ausmaße besaß auch der wohl bekannteste Elefant aller Zeiten, der Afrikanische Elefantenbulle „Jumbo". Im vorletzten
Jahrhundert vom Zoo London an den amerikanischen Zir-
kuskönig Barnum verkauft, hatte er bis zu seinem frühen
Tod durch Kollision mit einem Zug eine Rückenhöhe von

ca. 3,4 m erreicht. Heute noch ist sein Name Synonym für „riesig", ob bei Flugzeugen oder besonders üppigen Schokoriegeln.

Colonel Joe, ein riesiger Indischer Elefantenbulle

Schwerlaster auf vier Beinen: Die größten Landtiere

Heute ist der Afrikanische Elefant (*Loxodonta africana*) das größte Landtier – zwar nicht das längste und auch nicht das höchste (das ist die Giraffe), aber mit annähernd 5 t

Gewicht mit Sicherheit das massigste. Mit seinen Körper-
maßen bleibt er hinter den Rekordhaltern aus der Jura- und
Kreidezeit jedoch weit zurück. Als der britische Anatom Richard Owen 1842 den Begriff Dinosaurier (Schreckensech-
se) prägte, kannte man von diesen Tieren außer ein paar
Zähnen nur einen halbwegs kompletten Unterkiefer. Erst
Jahrzehnte später fanden sich – zunächst vor allem in Nordamerika – größere Skelettteile, die ein Bild von der beeindruckenden Titanengestalt der größten Reptilien gaben, die
je auf der Erde unterwegs waren. Im Jahre 1877 fand man
im Oberen Jura von Wyoming/USA die Reste von *Diplodocus longus*, der Donnerechse, die von der Nasen- bis zur
Schwanzspitze 27 m lang war. Ein im Senckenbergmuse-
um in Frankfurt aufgestelltes Exemplar ist rund 24 m lang.
Eine deutsche Expedition grub 1907–1911 in der damaligen Kolonie Deutsch-Ostafrika (heute Tansania) die Reste
des Riesendinosauriers (*Brachiosaurus brancai*; „Armechse")
aus, der rund 25 m lang und etwas über 12 m hoch war.
Aus dem Knochenmaterial von sieben Individuen wurde ein
vollständiges, 12 m hohes Skelett zusammengestellt, das im
Museum für Naturkunde in Berlin zu sehen ist. In Chi-
cago existiert ein weiteres Komplettexemplar, das man bei
etwas veränderter Wirbelsäulenkrümmung mit einer Höhe von 12,2 m als größten Dinosaurier der Welt aufgebaut
hat. Von einer 1985 in Colorado/USA gefundenen und *Supersaurus* (Superechse) genannten Art sind bislang außer einem 2 m langen Schulterblatt nur wenige Knochen geborgen – das vollständige Tier könnte damit 30 m lang, etwa 18 m hoch und rund 50 t schwer gewesen sein. Eine
1979 ebenfalls in Colorado/USA entdeckte und *Ultrasauros*
(der Name *Ultrasaurus* war schon für eine wesentlich kleine-

re Form vergeben) genannte Knochenansammlung erwies sich als Mischung aus *Supersaurus*- und *Brachiosaurus*-Resten. Aus New Mexico im Süden der USA ist 1979 unvollständiges Skelettmaterial einer *Seismosaurus hallorum* (Bebenechse) genannten Art ausgegraben worden, die man ursprünglich auf über 50 m Länge und bis zu 80 t Gewicht schätzte. Nach neueren Befunden war *Seismosaurus* jedoch ein *Diplodocus* und maß „nur" knapp 34 m Länge. Ebenfalls unvollständig ist das 1993 in Südamerika geborgene kreidezeitliche Knochenmaterial von *Argentinosaurus*, der bei bis zu 100 t Gewicht 16 m hoch und 42 m lang gewesen sein könnte. Da von den jüngeren Funden kein komplettes Skelett vorliegt und die tatsächlichen Abmessungen nur hochzurechnen sind, bleibt der Berliner *Brachiosaurus* vorerst der Rekordhalter unter den Landwirbeltieren.

Rekordsprinter: Der schnellste Läufer

Unter allen Landtieren ist der schnellste Läufer auf kurzen Strecken zweifellos der Gepard. Bei Distanzen bis zu 500 m kann er eine Höchstgeschwindigkeit von über 95 km/h erreichen. Dabei vermag er in nur 3 s von 0 auf enorme 90 km/h zu beschleunigen. Das lässt jeden Automobilbauer mit seinen aufgemotzten Modellen verblassen. Geparde sind ganz auf Geschwindigkeit getrimmt. Mit ihrem hochbeinigen, schlanken Körperbau, dem tief liegenden Brustkorb und dem kleinen Kopf unterscheiden sie sich leicht von allen anderen Katzenverwandten. Die Hauptbeute der in den Savannen und Trockenwäldern Afrikas lebenden Afrikanischen Geparde (*Acinonyx j. ju-*

batus) sind bis zu 40 kg schwere Huftiere, an die sich die schwarzgefleckten Jäger zunächst heranpirschen, um sie dann in kurzem Sprint zu erbeuten. Eine Jagd dauert meist nur 20–60 s, geht im Schnitt über 170 m und endet immer spätestens bei 500 m. Dauert sie länger, geht dem „Sprinterkönig Gepard" die Puste aus. Während auf dem Schwarzen Kontinent noch etwa 5000 bis 10.000 Geparde leben, ist die Jagd für den Asiatischen Gepard möglicherweise bald vorbei. Die Unterart *A. j. venaticus*, von der kaum noch 200 Exemplare die Steppen Asiens bewohnen, ist akut vom Aussterben bedroht.

Eine weitere anatomische Besonderheit, die dem Sprinter zugutekommt, sind seine nicht einziehbaren Krallen. Sie übernehmen dieselbe Funktion wie die Metallstifte unter den Rennschuhen menschlicher Läufer. Dank seiner langen Beine und einer äußerst biegsamen Wirbelsäule folgen die Schritte eines sprintenden Gepards so schnell aufeinander, dass beim Erreichen der Höchstgeschwindigkeit die vier Beine über mehr als 50 % der Sprintstrecke keinen Bodenkontakt haben. Somit fliegt *Acinonyx jubatus* mehr seiner Beute nach, als dass er sie als schnellster im Lauf verfolgt.

Seewespe: Das giftigste Meerestier

Auch von europäischen Küsten können viele Urlauber über äußerst unangenehme Erfahrungen mit Feuerquallen oder anderen reaktionsstarken Vertretern einer Tiergruppe berichten, die man zu Recht Nesseltiere oder Cnidarier nennt. Der Kontakt mit einem ihrer meist meterlangen und im freien Wasser kaum sichtbaren Fangtentakel kann schmerzhaft sein wie ein Peitschenhieb, weil Hunderte bis Tausende explodierender mikroskopisch kleiner Nesselzellen dem Betroffenen ihre gefährliche Giftmischung unter die Haut jagen.

   Die an der Nord- und Ostküste des tropischen Australiens verbreitete und in den Monaten Dezember bis Januar häufige Seewespe oder Würfelqualle (*Chironex fleckeri*) wird etwa 20 × 30 cm groß und schleppt mehrere 2–3 m lange Bündel aus jeweils 15 Tentakeln hinter sich her, die am unteren Schirmrand ansetzen. Diese Art gilt als gefährlichstes Meerestier überhaupt, denn ihr Nesselgift wirkt unter Umständen innerhalb weniger Sekunden bis etwa 1 min tödlich – verletzte Taucher oder Schwimmer werden rasch bewusstlos und haben meist keine Chance mehr, das Ufer zu erreichen. Der Tod tritt durch Atem- bzw. Herzstillstand ein.

Absolut keine Mörderin:
Die größte Muschel

Sie lebt auf Korallenriffen im Indopazifik – die respektable Riesenmuschel (*Tridacna gigas*). Im Jahre 1934 wurde ein Exemplar mit 1,15 m Länge und 333 kg Gewicht vor der japanischen Insel Ishigahi/Okinawa gefunden. Mit einem Lebendgewicht von über 340 kg war sie wohl die schwerste je gewogene Muschel. An Größe übertrifft sie allerdings ein Exemplar der gleichen Art, das man 1817 in Tapanula an der Nordwestküste Sumatras barg. Bei 230 kg Gewicht maß es 1,37 m. In der Barockzeit hat man in katholischen Kirchen Weihwasserbecken aus den Schalenklappen errichtet oder sie als Brunnenschalen verwendet.

Zuweilen wird die Riesenmuschel auch „Mörder- oder Menschenfressermuschel" genannt. Berichte, dass sie Menschen mit ihren riesigen Schalen festgehalten hätten, wurden jedoch nie bestätigt. Erstens sind Riesenmuscheln im klaren Wasser weithin sichtbar, und zweitens bewegen sie ihre Schalen beim Schließen äußerst langsam. Dennoch sollte man die geöffneten Schalen meiden, denn von ihnen wurden schließlich schon kleinere Seevögel eingefangen – so etwa ein Austernfischer, der nach dem Schließmuskel der Muschel hackte und so das Zusammenklappen der Schalen verursachte. Auch der weltberühmte Tauchpionier in der Meeresforschung Hans Hass hat auf einer seiner Tauchexpeditionen mit dem Bein einer Schaufensterpuppe demonstriert, dass es von den Muschelschalen der Riesenmuschel festgehalten werden kann. Dennoch kam trotz „Mördermuschel" das Schaufensterpuppenbein ebenso wie die Crew um Hans Hass unverletzt wieder an die Meeresoberfläche.

Ein Nashorn einfach huckepack nehmen?

Kein menschlicher Gewichtheber, selbst ein Weltrekordhalter, könnte ein Nashorn stemmen – weder im Stoßen (Weltrekord bei 242,5 kg), geschweige denn im Reißen (Weltrekord bei 198,5 kg). Wenn wir uns bei den starken Männern umsehen, fällt als stärkster Mann der Welt der Salzburger Franz Müllner auf. Dem gelang es anlässlich des „Vienna World Records Day", einen 1,8 t schweren Hubschrauber auf seinen Schultern landen zu lassen. Doch was menschlichen Ausnahmekraftmeiern nur ansatzweise gelingt, schultern Ameisen absolut regelmäßig. Während die superstarken Männer Gewichte vom gut 2-Fachen ihres Körpergewichts heben und bis zum gut 5-Fachen des Eigengewichts auf ihren breiten Schultern halten können, packen Ameisen weitaus höhere Lasten. Die Arbeiterinnen verschiedener heimischer Waldameisen tragen leicht und locker Materialien bis zum 9,7-Fachen ihres Körpergewichtes frei mit ihren Mundwerkzeugen, ohne dass die Last den Boden berührt. An senkrechten Hindernissen ziehen sie sogar das 12,2-Fache ihres eigenen Körpergewichtes frei hoch. Fallweise schleppen sie das bis zu 18,5-Fache des Körpergewichtes, manche sogar Materialien, die fast 40-mal soviel wiegen wie sie selbst.

Wären wir Menschen so stark wie Ameisen, müsste ein trainierter, 100 kg schwerer Gewichtheber locker 10.000 kg bewältigen können, also drei Breitmaulnashörner von je bis zu 3600 kg auf einmal. Im Extrem müsste er sogar 40.000 kg schaffen, was 13 Breitmaulnashorneinheiten entspricht. In Gewichtsrelationen bedeutet das: Eine Ameise kann leicht selbst das schwerste Nashorn huckepack nehmen, die stärksten Männer der Welt sind dagegen arme Würstchen …

Wer hat die größten Ohren?

Die größten Ohren in der gesamten Tierwelt hat der Afrikanische Steppenelefant (*Loxodonta africana africana*). Seine Riesenohrmuscheln dienen aber weniger dem besseren Hören, sondern eher der besseren Kühlung in der afrikanischen

Hitze. Wenn das Blut durch das weit verzweigte Blutgefäß-netz der Steppenelefanten-Ohren strömt, verliert es bis zu 19 °C an Wärme, vor allem dann, wenn die Elefanten mit ihren Ohren wedeln oder sie in den Wind stellen. Wer so auffällig große Ohren besitzt, kann sie auch hervorragend als „Signalflaggen" einsetzen. So startet ein wütender Elefant seinen Angriff immer auch mit weit abstehenden Ohren und wirkt dadurch noch größer und furchteinflößender.

Lange Löffel: Die längsten Ohren

Unter allen Hasentieren hat der Schwarzfuß-Eselhase (*Lepus alleni*), auch Antilopenhase genannt, im Verhältnis zur Körpergröße die längsten Lauscher. Zwischen 13,8–17,3 cm lang, bei einer Durchschnittlänge von 16,2 cm, helfen sie dem Wüstenbewohner im Süden der USA und im nordwestlichen Mexiko ähnlich wie dem Afrikanischen Steppenelefanten bei der Wärmeregulation. Während wilde Kaninchenarten über kürzere Löffel als ihre Hasenverwandten verfügen, kann die Ohrlänge als ein auffälliges Merkmal züchterisch durchaus ausgebaut werden. So finden sich bei der Hauskaninchenrasse des Englischen Hängeohrs Exemplare, deren Ohren über 60 cm lang und maximal 14 cm breit sein können. Das allerlängste Englische Hängeohr verfügte sogar über 72,4 cm lange und 18,4 cm breite Ohren. Einem noch längeren Hängeohr wurde der Rekord

nicht anerkannt. Krampfadern in seinen Löffeln deuteten nämlich darauf hin, dass hier sein Besitzer die Ohren mit Gewichten künstlich gestreckt hatte. Wie beim kleinsten und dicksten Hund der Welt sind solche „Rekorde" nicht nur fraglich, sondern echte Tierquälerei und damit, die Schweine mögen es verzeihen, eine echte Sauerei!

Fliegende Osterhasen: Wer hat die längsten Ohren?

Dieses Attribut kommt – im Verhältnis zur Körperlänge – der über den Westen der USA und Nordmexiko verbreiteten Gefleckten Fledermaus (*Euderma maculatum*) zu. Bei einer Körpergröße von maximal 7,7 cm hat das dunkelrotbraune, mit großen, weißen Flecken hübsch verzierte Tierchen bis zu 5 cm lange Ohren. In Sachen Ohrlänge stehen ihr unsere Langohren nur wenig nach: Die heimischen Arten, das Braune wie das Graue Langohr (*Plecotus auritus* bzw. *Plecotus austriacus*) haben im Verhältnis zu ihrer Körperlänge von 4,5–7 cm fast ebenso lange Ohren von 4 cm Länge. Die „Fliegenden Osterhasen" nutzen diese jedoch nicht als Wärmeaustauscher, sondern vielmehr als besonders empfindliche Hörtrichter zum Abhören selbst leisester Krabbelgeräusche ihrer Beutetiere. Langohren sind klassische „Lauschjäger", die nach dem Motto „Feind hört mit" auf nächtlichen Beutezügen die Vegetation bevorzugt nach Schmetterlingen, anderen Insekten und Spinnen abhören. Selbst die Laufgeräusche einer Spinne auf einer Glasscheibe nehmen die Langohren als getöseartiges Getrampel wahr.

Langohren wären die passenden Symbole für menschliche Abhördienste, wenn diese nicht so geheim agieren würden (bzw. müssten). Zur Schonung falten Langohren ihre riesigen Lauscher im Tages- und vor allem im Winterschlaf nach hinten leicht zusammen und klemmen sie unter die an der Körperseite anliegenden Flügel. Das Ohrverstecken hilft, dass den Schläfern an kühlen Plätzen bei stark gedrosseltem Blutkreislauf die Ohrspitzen nicht erfrieren. Dann schauen die Ohrdeckel nur noch wie zwei kleine Teufelshörnchen vorwitzig über das Kopffell heraus.

Braunes Langohr (*Plecotus auritus*)

Mann, ist der lang: Der größte Penis

Die größten resp. längsten Begattungsorgane im Tierreich finden sich bei Elefanten und bei Walen. Bei beiden sind gewaltige Metergrößen erforderlich, da aufgrund der Anatomie (bei Elefanten) oder der Lebensweise im Wasser bei fehlender „Händigkeit" (Wale) die Immissio eher zum Kunststück wird. Wie die beiden Milchzitzen des Weibchens sind auch die Fortpflanzungsorgane bei den Walen in einer Hautfalte der Bauchgegend verborgen. So wird der bei Blauwalbullen über 2 m lange Penis nur bei der Paarung sichtbar. Einer Walpaarung geht in der Regel ein ausgedehntes Liebesspiel voraus, bei dem die Partner in enger Körperberührung neben- und übereinander schwimmen. Manchmal folgen mehrere Männchen einem Weibchen, das sich bei so viel Zudringlichkeit manchmal im Flachwasser in Sicherheit bringt. „Erhört" sie den Liebhaber, dauert der Geschlechtsakt bei Großwalen immer nur einige Sekunden, zumal wenn sich dazu die Partner – wie für Buckel-, Finn- und Pottwale festgestellt – Bauch an Bauch, sich mit den Flippern umfassend, über die Wasseroberfläche emporstemmen. In den meisten Fällen schwimmen allerdings die Walmännchen und -weibchen zur Paarung in Seitenlage am Wasserspiegel dahin, ihre Unterseiten zueinander gekehrt. Ob hochgestemmt oder in Seitenlage: In beiden Fällen ist für die sehr bewegte Walpaarung ein langer Penis allemal von Vorteil.

Ihre Anatomie stellt die Elefanten bei der Paarung ebenfalls vor eine „harte" Prüfung. Die Bullen der schwergewichtigen Vierbeiner müssen zum Vollzug des Geschlechtsaktes

geradezu artistische Fähigkeiten entwickeln, vom „Kraft-
menschen" über den „Kunstturner" bis hin zum „Schlan-
genbändiger". Nach längerem Vorspiel versucht der Bulle
von hinten auf die Kuh aufzureiten, wobei ihm der Erfolg
anfänglich versagt bleibt, denn die Kuh hält zunächst nicht
still. Jetzt probiert er mit seinem auf ihrer Kruppe aufgeleg-
ten Kinn, sie zu drücken und beißt ihr dabei immer häufiger
in den Nacken. Durch diese „Kraftmeierei" demonstriert
der Bulle ihr seine Überlegenheit. Das Treiben wird jetzt
intensiver und endet schließlich in einer raschen, nicht
wirklich ernst gemeinten Flucht des Weibchens („Schein-
flucht"), dem der Bulle meist mit aufgelegtem Kinn folgt.
Dann endlich bleibt sie stehen und macht ihre Hinterbeine
breit. Der Bulle richtet sich jetzt auf seinen Hinterbeinen
auf und stellt die Vorderbeine auf ihr Hinterteil, um diese dann über den Rücken der Kuh bis zu deren Schultern
zu schieben. Seine Füße bleiben dabei eng aneinanderge-
presst. Nun folgt endlich der schwierigste Teil des doch
sehr komplizierten Paarungsaktes auf „Elefantisch": das
Einführen des mit 1,5 m Länge enorm großen Penis in die
an der hinteren Bauchseite gelegene Geschlechtsöffnung
des Weibchens. Der wird dabei zur Schlange, indem er S-
förmig gekrümmt und mit eigenartigen Suchbewegungen
die Geschlechtsöffnung zu orten versucht. Hat der Penis
sein Ziel gefunden, knickt sein Besitzer auf die Hinterbeine
ab und richtet den Vorderkörper zum Eindringen steil auf.
Trotz seiner enormen Länge, dringt der Elefantenpenis während des im Schnitt 11 s dauernden Koitus nur etwa 30 cm
tief in die weibliche Geschlechtsöffnung ein. Damit die
55–100 mL Spermien zum Muttermund gespült werden
können, der sich 1–1,5 m hinter der Geschlechtsöffnung

befindet, wird deshalb die etwa 1–1,5 L Samenflüssigkeit mit hohem Druck ejakuliert. Das Paarungsverhalten scheint für junge Bullen so kompliziert, dass in der Vergangenheit bei Elefantenpaarungen in Zoos und Zirkussen menschliche Pfleger häufig Hand anlegten, um die Kuh festzuhalten und dem Penis des Bullen den Weg zu zeigen.

Nicht König, sondern Gigant: Die größte Raubkatze der Welt

Dieser Titel gebührt keineswegs dem Löwen als angeblichem „König der Tiere", sondern einer Unterart des Tigers, dem Sibirischen Tiger (*Panthera tigris altaica*). Auch wenn für angebliche Längenrekorde von 4 m keine nachvollziehbaren Beweise vorliegen, erreichte das größte vermessene männliche Exemplare des Sibiriers, auch Ussuri-Tiger genannt, eine Gesamtlänge von immerhin 3,5 m. Kopf-Rumpf-Längen von 2,1–2,2 m bei Gesamtlängen von 3,2 m sind auch schon bei extrem großen männlichen Zootieren festgestellt worden. Solche Giganten bringen dann 300 kg und mehr auf die Waage und erreichen Schulterhöhen von über 1 m. Die kleinste aller Tigerunterarten war wohl der heute ausgerottete Bali-Tiger. Bei ihm dürften die bei Tigern immer größeren und schwereren Männchen eine Gesamtlänge von 2,2–2,25 m und ein Gewicht von 90–100 kg erreicht haben. Damit war die kleinste Tigerunterart um 1 m kürzer und um zwei Drittel leichter als die heute noch in Freiheit in wenigen Exemplaren vorkommende größte.

Kein großes, sondern das größte Rind(vieh)

„Was war ich doch für ein Rindvieh!" Dieser Stoßseufzer ist schon manchem über die Lippen gekommen, wenn er zu spät bemerkte, dass er sich unvorsichtigerweise auf etwas eingelassen hatte, das sich später als Fehler herausstellte. Egal wie groß der „Mist" war, den sein Erzeuger da machte: An die größten Rinder reicht ein menschliches (männliches) Rindvieh weder mit der Körpergröße, nach an Gewicht jemals heran.

Rekordhalter unter den eigentlichen, echten Wildrindern der Erde (Gattung *Bos*), von denen – abgesehen vom 1627 ausgerotteten Auerochsen oder Ur als Vorfahr unseres Hausrindes – bis heute weltweit nur vier Arten überlebten (Banteng, Gaur, Yak und Kouprey), ist der asiatische Gaur (*Bos frontalis*). Diese beeindruckenden Wildrinder leben in größeren Beständen in den tropischen Wäldern mit Lichtungen oder den Waldsavannen Indiens, in kleineren Vorkommen auch in Nepal, Bhutan, Bangladesch, Myanmar, China, Thailand, Indochina und West-Malaysia. Während erwachsene Bullen ein glänzend schwarzes Fell, graue Wülste zwischen den Hörnern und weiße Beine tragen, sind die Jungbullen und Kühe bis auf ihre weißen Beine dunkelbraun gefärbt. Gaur haben riesige Köpfe, massive Körper und kräftige Gliedmaßen. Ihr auffälliger Buckel kommt durch die verlängerten Wirbelfortsätze in diesem

Bereich zustande. Auch tragen die Gaur kleine Hautlappen unter ihrem Kinn, eine große Wamme zwischen den Vorderbeinen sowie zwei seitlich nach oben gebogene Hörner. Ihre Kopfrumpflänge bewegt sich zwischen 2,4 und 3 m, ihre Höhe reicht von 1,7–2 m. Bullen haben bis zu 80 cm lange Hörner und bringen bis zu 1225 kg auf die Waage, während Gaurkühe „nur" ca. 700 kg schwer werden.

Die wilden asiatischen Wasserbüffel (*Bubalus arnee*) bleiben zwar etwas kleiner, erreichen aber durch ihre größere Kompaktheit bei den Männchen mit 1,2 t durchaus Gaurgewichte, währen die Wasserbüffelkühe mit 800 kg sogar noch 100 kg schwerer als ihre Gaur-Geschlechtsgenossinnen werden können. Selbst wenn wir also die Asiatischen Büffel der Gattung *Bubalus* (neben dem großen Wasserbüffel, die viel kleineren beiden *Anoa*-Arten sowie den kleinen Tamarau), den Afrikanischen Kaffernbüffel (Gattung *Syncerus*) und den Bison und Wisent als die beiden Vertreter der Gattung *Bison* zum Rinder-Größenvergleich hinzuziehen, bleibt der beeindruckende Gaur das größte Wildrind der Erde, ohne einem von uns den Titel „größtes Rindvieh" streitig machen zu wollen.

Vielseitig und flexibel: Der längste Rüssel

Mit dem Elefantenrüssel, der eine Sonderbildung aus Nase und Oberlippe ist, hat sich die Natur eine geradezu einzigartige Problemlösung einfallen lassen, denn er ist ein richtiges Multifunktionswerkzeug. Wer den längsten Rüssel trägt, ist beim Blick auf die beiden Arten klar zu beantworten: Beim deutlich größeren Afrikanischen Elefanten ist er natürlich etwas länger als bei seinem indischen Verwandten. Bei beiden Arten ist er aber nur so lang, dass er bei normaler Kopfhaltung frei baumeln kann, ohne den Boden zu berühren. Das stellt eine berühmte Elefantenplastik in Rom übrigens total falsch dar: Vor der Kirche Santa Maria sopra Minerva trägt ein von Gian Lorenzo Bernini (1598–1680) nach Originalstudien geschaffener Elefant mit viel zu langem Rüssel einen kleinen und am heutigen Aufstellungsort verbuddelt aufgefundenen ägyptischen Obelisken.

Trotz ihrer beachtlichen Länge sind die Elefantenrüssel aber gar nicht die (relativ) längsten, denn sie sind allenfalls gut halb so lang wie sein Dickhäuter. Rekordhalter ist ein madagassischer Schmetterling, die zu den Schwärmern gehörende Art *Xanthopan morganii praedicta*. In seinem 1862 erschienen Werk über die Bestäubung der Orchideen schildert Charles Darwin die auf Madagaskar beheimatete Sternorchidee (*Angraecum sequipedale*), deren Blüte einen bis zu 30 cm langen Nektarsporn trägt, und folgerte, dass es für diese ungewöhnliche Blütenform auch einen passenden Bestäuber geben müsse. Erst 40 Jahre später entdeckte man tatsächlich eine entsprechend langrüsselige, von Darwin vorhergesagte (daher *praedicta*) Schwärmerart: Der praktischerweise einrollbare Saugrüssel von *Xanthopan* misst bis zu 25 cm Länge und ist damit ungefähr viermal so lang wie der Falter selbst.

Unser Urururahne:
Das älteste Säugetier

Es waren unauffällige säugerähnliche Reptilien, die den kometenhaften Aufstieg der Dinosaurier überlebten und sich geradezu „im Schatten" der Riesen vor 225–195 Mio. Jahren in der Triaszeit zu ersten echten, nur ca. 5 cm „großen", nachtaktiven Säugern entwickelten. Es lässt staunen, dass von diesen unscheinbaren Tieren die aufregendste Entfaltung aller Wirbeltiere ausging. Denn das Wesen der Säugetiere liegt in ihrer im Vergleich zu anderen Tiergruppen unerreichten Formen- und Funktionsvielfalt. So wiegt das kleinste Säugetier, die Hummelfledermaus, gerade 1,5 g, während der Blauwal das 100-Millionen-Fache auf die Waage bringt. Und während die Männchen der Stuart-Beutelmaus fast nie ihren einjährigen Geburtstag erleben und meist schon vor der Geburt des einzigen von ihnen gezeugten Wurfes sterben, kann ein Elefant ein Alter von über 60 Jahren erreichen und in seinem langen Leben Vater von 30 und mehr Kälbern werden. Von uns Menschen mit unseren Fähigkeiten bzw. „Unarten" ganz zu schweigen.

Wie ein Papagei:
Das bunteste Säugetier der Welt

Der Mandrill (*Mandrillus sphinx*) protzt mit Farben, wie es Franz Marc (1880–1916), Mitbegründer der Malervereinigung „Blauer Reiter", auf einem seiner wunderbaren Bilder treffend dargestellt hat. Genauer genommen sind es die erwachsenen Mandrillmänner dieser Waldpavianart, denen unstrittig der Buntheitstitel unter den Säugetieren zusteht. Ihr graubraunes Fell ist auf der Unterseite blass gelb. Das Gesicht des Mandrillmannes ziert ein orangegelber Backen- sowie ein weißlicher Schnurr- und Kinnbart. Während die Ohren rosafarben sind, leuchtet das Gesicht in den Farben Rot, Violett, Weiß und Blau. Mittendrin in diesem Farbencocktail sitzt die schwarze Nase. Das nackte blaue und rote Hinterteil gibt hinterrücks ebenso bunte Farbtupfer wie der rote Penis im Kontrast zum grellblauen Hodensack. Bei Erregung leuchten die Hautfarben des Mandrillmanns noch intensiver. Auch die Weibchen und Jungtiere tragen ähnliche, aber längst nicht so leuchtende Farben. So wird ein Mandrillmann in den dunklen Wäldern Westafrikas zum bunten Paradiesvogel – vor allem dann, wenn er sich (zu Recht?) aufregt, sei es vor Wut oder vor lauter Lust.

Echt grottenhässlich:
Das hässlichste Säugetier

Wie Schönheit ist eben auch Hässlichkeit nicht nur, aber auch Geschmackssache. Was wir als schön oder hässlich bezeichnen, ist dennoch keine reine Ansichtssache. Säugetierarten, ob Wildtiere oder Haustierrassen, wirken dann besonders anziehend und hübsch, wenn bei ihnen mit großen Kulleraugen und rundlichem Gesichtsschädel das Kindchenschema zum Tragen kommt. Spitze Schnauzen und nackte Schwänze wirken auf uns dagegen eher hässlich und abstoßend. Wenn wir zum Beispiel eine Haselmaus neben eine Ratte stellen, ist absolut sicher, welche von beiden wir hübscher finden. Ganz allgemein zu den hässlicheren Vertretern der Säugetiere zählten früher die Fledermäuse. Erfreulicherweise hat sich mit dem besseren Kennenlernen dieser Nachtschwärmer unser Bild der fliegenden Säugetiere gründlich gewandelt. Die einstigen „Ekeltiere" starteten erfreulicherweise durch und stiegen – zumindest bei den Jüngeren von uns – auf zu einer der beliebtesten Tiergruppen. Beim genaueren Durchforsten der zahlreichen, mehr als 1200 Fledertierarten weltweit, können wir dennoch auf einen bzw. zwei ihrer Vertreter stoßen, deren Gesichter geradezu wie die Ausgeburt an Hässlichkeit auf uns wirken: Das sind *Sphaeronycteris toxophyllum*, mit dem kaum bekannten Trivialnamen Schirmfledermaus und das Greisenhaupt (*Centurio senex*). Zur Fledermausfamilie der Neuweltblattnasen oder Lanzennasen zählend, zeichnet beide ihr abschreckend groteskes, von Falten und Furchen überzogenes Gesicht aus. Während der für Fledermäuse üblichen Tagesruhe ziehen diese Beiden ihre faltige Haut wie eine Maske über ihr Gesicht, um beim Ausfliegen und der Futtersuche „demaskiert" ihre ganze Hässlichkeit zu zeigen. Unübertroffen an Falten, Warzen und Hautlappen ist das bizarre Gesicht des Greisenhaupts. Nachdem selten oder nie in der Natur solcherart Ausprägung reine Spielerei ist, verbirgt sich hinter dem grotesken Aussehen Funktionalität. Was den Betrachter mancher Fledermausgesichter an Bilder aus einem zoologischen Gruselkabinett erinnert, ist in Wahrheit eine hervorragende Anpassung an unterschiedliche Lebens- und Ernährungsweisen.

Während einige der „Ver(un)zierungen" sicher im Dienst der Echoortung stehen, weisen andere auf Sonderanpassungen beim Nahrungserwerb hin. Die „Gesichtszier" vieler

Fledermäuse spiegelt die Bedeutung von Schall für ihre Lebensweise wider. So hilft ein Hautlappen (Tragus) im Ohr vieler Arten, die Echos in der Vertikalebene exakt zu lokalisieren. Während die meisten Arten ihre Schreie durch den Mund ausstoßen, besitzen die meisten „Nasenorter" wie Hufeisen-, Großblatt-, Rundblatt- und die Neuweltblatt- oder Lanzennasen um ihre Nasenöffnungen komplizierte, auf uns oft geradezu grotesk bis abstoßend wirkende Hautstrukturen, um die Töne zu bündeln und auszurichten. Das Greisenhaupt und seine „hässliche Verwandtschaft" haben offensichtlich zugunsten „mulifunktioneller Gesichtsfalten" auf „einfachere" Nasenblätter „verzichtet". Hinter dem abstoßenden Äußeren beim Greisenhaupt und seinem Verwandten aus der „Nachbargattung" verbergen sich zwei ganz harmlose Fruchtliebhaber, die mithilfe ihrer Falten möglicherweise orten und gleichzeitig vielleicht auch ihre Nahrung besser riechen können. Dagegen ist die viel netter aussehende Vampirfledermaus ein Blut saugender, echter Parasit. So gilt selbst für Fledermäuse, was wir im Zwischenmenschlichen beachten sollten: Adrettes Aussehen lässt nicht unbedingt auf Harmlosigkeit schließen, und äußere Hässlichkeit spricht nicht unbedingt für einen schlechten Charakter. Schönheit kann – auch bei uns – leicht bloße Maske sein.

Ein Fall für den Bundespräsidenten: Das kinderreichste Säugetier

Mehrlingsgeburten sind für viele Säugetiere durchaus nichts Außergewöhnliches. Dennoch stößt der Kindersegen rasch an eine unüberwindbare Grenze, und das ist letztlich die Zahl der „Milchzapfsäulen", über die eine Mutter anatomisch verfügen kann. Schließlich müssen alle Jungen für eine gewisse Zeit einzig von der mütterlichen Milchquelle leben. Schon die Zitzenzahl liefert uns Hinweise auf die zu erwartende Kinderzahl. Zu den besonders Kinderreichen zählen zweifellos die nordamerikanischen Opossums (Beutelratten). Bei normalerweise 13 vorhandenen Zitzen gebären Opossum-Weibchen in der Regel 21 Junge je Wurf. Da jedoch nicht einmal alle Zitzen funktionsfähig sind, muss ein Großteil der Jungen verhungern. Selten überleben mehr als acht der sehr unfertig auf die Welt gebrachten Jungen, die bei der Geburt etwa die Größe einer roten Erbse haben. Den Geburtsweltrekord stellte ein Virginisches Opossum (*Didelphis virginiana*) mit 56 Jungen auf.

Noch wesentlich besser mit Zitzen „bestückt" ist der zu den Insektenfressern zählende Große Tanrek: Mit bis zu 29 Zitzen beanspruchen die Weibchen den „Zitzentierrekord". Sie können so pro Wurf im Schnitt leicht 20 Junge gebären und erfolgreich aufziehen. Im holländischen Zoo Wasenaar gebar ein Weibchen sogar 31 Junge, von denen alle bis auf eines überlebten. Mit so vielen eigenen Kindern ließe sich bei uns eine ganze Schulklasse füllen.

Miniwinzig und ewig hungrig:
Das kleinste Säugetier Europas

Neben der thailändischen Hummelfledermaus als dem kleinsten Säugetiere der Welt gehört auch die Etrusker- oder Wimperspitzmaus (*Suncus etruscus*) zu den kleinsten Säugern. Bei einer Körperlänge von 3,5–5,3 cm und 2,4–2,9 cm Schwanzlänge bringt sie nur 1,5–2,2 g auf die Waage. In Europa nur im Mittelmeergebiet vorkommend, sind Etruskerspitzmäuse als kleinste Insektenfresser der Welt von Kleinasien bis Afghanistan und Nordafrika verbreitet. Die überwiegend nachtaktiven Winzlinge können geschickt klettern. Sie jagen im Kulturland mit alten Weinbergen,

Olivenhainen, Gärten und Steinmauern, in alten Häusern, aber auch in Buschwäldern und entlang von Bächen nach Insekten und deren Larven. Bei plötzlichen Kälteeinbrüchen können die ewig hungrigen Tierchen mit dem großen Energiebedarf für mehrere Stunden in Lethargie verfallen. Auch das Geburtsgewicht junger Etruskerspitzmäuse ist rekordverdächtig: Es beträgt gerade mal 0,18–0,22 g.

Kreuzgefährlich: Die giftigste Schlange

Bei Schlangen denken wir sofort an Gift. Dabei sind von den rund 2700 bekannten Schlangenarten nur etwa 680–700 Arten giftig. Davon wiederum ist ein knappes Drittel für Menschen ungefährlich. Besonders giftig ist der in Nord- und Nordostaustralien sowie im südwestlichen Neuguinea vorkommende Taipan (*Oxyuranus scutellatus*). Die große, 2–3 m lange Art mit deutlich abgesetztem, langem Kopf und den bei Jungtieren auffällig großen Augen ist meist tagaktiv. Sie jagt bevorzugt kleine Säugetiere wie etwa Ratten am Boden. Bei Störung ziehen sich Taipans rasch in Verstecke unter Steinen oder in dichte Vegetation zurück. In die Enge getrieben, wissen sie sich allerdings mit Vehemenz zu verteidigen. Sie schlagen dabei mit dem Schwanz um sich, flachen den Kopf ab, heben den in S-förmige Schlingen gelegten Vorderkörper an und können blitzschnell mehrfach zubeißen. Ihr äußerst wirksames Gift enthält sowohl Neurotoxine als auch Enzyme, welche die Gerinnungsfähigkeit des Blutes aufheben. Weitere Giftkomponenten wirken zerstörend auf die Skelettmuskulatur. Weil die langen Giftzähne ein Mehrfaches der tödlichen

Dosis injizieren, verlaufen Taipanbisse ohne Antiserumbe-
handlung fast immer tödlich. Der Biss eines Taipans kann
selbst so große Tiere wie ein Pferd innerhalb von 5 min töten. Weil diese wohl gefährlichste Giftschlange eher scheu
ist, kommt es fast nur bei Fangversuchen immer wieder zu
tödlichen Unfällen.

Der Inlandtaipan (*Oxyuranus microlepidotus*) ist am allergiftigsten

Eine nahe verwandte Art des Taipans, der Inlandtaipan
(*Oxyuranus microlepidotus*), ist sogar noch giftiger: Vor allem im trockenen Westen Australiens (Queensland und
New South Wales) ist sie auf ausgetrockneten, temporären
Überschwemmungsflächen zu finden. In Größe, Gestalt
und Färbung dem Taipan ähnelnd, ist ihr Kopf meist dunkel
gezeichnet und ihr Körper mit einer dunklen Sprenkelung
versehen. Auch diese Art, die man in Australien aufgrund
ihres Temperaments „Fierce Snake" und wegen ihrer glatten
Beschuppung „Smooth Snake" nennt, ist tagaktiv und jagt
vor allem Ratten. Eine von ihr gebissene Ratte ist innerhalb
von Sekunden tot. Die durchschnittliche Giftmenge beim

Melken von Oxyuranus *microlepidotus* beträgt 44 mg. Der Melkrekord von 110 mg dieses stark neurotoxischen Gifts würde für die Tötung von 250.000 (!) Mäusen ausreichen. Nur gut, dass die allergiftigste Schlange der Welt in so abgelegenen Gegenden lebt. Dadurch kommen Menschen nur selten mit ihr in Kontakt, und so wurde bis heute noch kein einziger menschlicher Todesfall durch ihren Biss bekannt.

Nur vom Gift her betrachtet, werden die giftigsten Landschlangen von der Seeschlange *Hydrophis belcheri* übertroffen. Sie ist von allen ihren 49 Artverwandten die giftigste. Ihr Muskelgift ist um ein Vielfaches wirksamer als das jeder Landschlange. Dennoch sind menschliche Todesfälle selten, da die Schlange ein äußerst freundliches Temperament besitzt und schon heftig geärgert werden muss, bis sie einmal zubeißt. Meist erwischt es dann Fischer, wenn sie mit ihren Netzen hantieren und dabei mit einer darin gefangenen *Hydrophis belcheri* in Berührung kommen. Und selbst dann zeigen noch 25 % der Gebissenen keine Vergiftungserscheinungen, da die Schlange selten große Giftmengen injiziert. Somit kommt es bei Giftschlangen nicht nur auf das Gift, sondern vor allem auf ihre „Giftigkeit" im Sinne von Bissigkeit an.

Ein schlängelndes Monster:
Die längste Schlange

Während die Beschreibungen von Riesenschlangen oft mehr den Fantasien früher Entdecker als der Realität entsprangen, gibt es sie doch, die Schlangen mit Rekordmaßen von über 9 m Länge. Rekordhalterin mit einer Körperlänge von 10 m ist eine 1912 in Celebes geschossene Netzpython (*Python reticulatus*), die von Bergwerksingenieuren vermessen wurde. Deren Messungen dürfte man wohl glauben. Ihr folgt mit 9,81 m ein Afrikanischer Felsenphyton (*Python sebae*). Es war eine Lehrerin, die diese „Monsterschlange" auf einem Schulhof (!) an der Elfenbeinküste erschoss. Die Durchschnittslänge bei dieser Schlangenart beträgt allerdings „nur" 3–5 m. Die Rekordlänge einer südamerikanischen Anakonda (*Eunectes murinus*) lag bei 8,45 m. Bei einem Umfang von 1,11 m musste sie geschätzte 227 kg gewogen haben. Damit war sie zwar nicht die längste, sicher aber die bisher schwerste Schlange der Welt. Solche Spitzengewichte können sich auch nur Anakondas leisten, die die meiste Zeit im Wasser verbringen. Um sich auf dem Land zu bewegen, sind auch den Schlangen längen- wie gewichtsmäßig Grenzen gesetzt. Legt man die biomechanischen und physiologischen Belastungen zugrunde, die auf eine Schlange an Land einwirken, ist rein rechnerisch wohl bei 15 m Länge endgültig Schluss. Solche Monsterschlangen würden am eigenen Gewicht ersticken und könnten solche Massen auch nicht schlängelnd fortbewegen. Theoretisch besteht aber durchaus die Chance, dass sich irgendwo noch eine unerkannte Rekordhalterin von über 10 m Länge herumschlängelt. Hinter den gewaltigen Würgschlangen folgt übrigens als giftige Riesin die Königskobra, die verbürgte 5,71 m lang werden kann.

Riesig und äußerst wählerisch: Der größte Schmetterling

Der größte Falter der Welt würde uns bei „Schmetterlingen im Bauch" ganz schön Schwierigkeiten bereiten, denn die größeren Weibchen von *Ornithoptera alexandrae*, einer seltenen Vogelflügler-Schmetterlingsart von Papua Neuguinea, können ihre Flügel bis zu 28 cm weit spannen und mehr als 25 g schwer werden. Trotz der gewaltigen Größe bekommt man den Riesenschmetterling nur selten zu Gesicht. Die einzige Nahrungsquelle dieses Schmetterlings wie auch seiner Raupen ist nämlich die Kletterpflanze *Aristolochia dielsiana* – und um den Riesenschmetterling an dessen Blüten naschen und seine Larven an den Blättern fressen zu sehen, müssten wir schon 15–40 m hoch hinaus in das Baumkronendach des tropischen Waldes.

Minigaukler: Die kleinste Schmetterlingsart

Am anderen Ende der Größenskala von Schmetterlingen steht der Zwergbläuling *Brephidium barberae*. Mit einer Flügelspannweite von nur 1,4 cm bei einem Gewicht von weniger als 10 mg gaukelt er durch Südafrika und wird an Kleinheit nur noch unterboten von der Zwergmotte *Stigmela riduculosa* auf den Kanarischen Inseln. Sie kommt mit einer Flügelspannweite von ca. 2 mm bei etwa ebenso „kurzer" Körperlänge daher.

Langschnäbel unter den Vögeln

Rekordhalter unter allen langschnäbeligen Vögeln ist der australasiatische Brillenpelikan. Mit stolzen 34–47 cm langen Schnäbeln hält er den Rekord in der Vogelwelt. Im Verhältnis von Schnabel zur Körperlänge werden Brillenpelikane allerdings vom südamerikanischen Schwertschnabelkolibri geschlagen. Der von seiner Schnabelspitze bis zum Schwanzende 25 cm messende Vogel verfügt immerhin über ein 10,2 cm langes „Schnabelschwert". Das setzt er allerdings nicht zum Fechten, sondern zum Naschen von Nektar aus tiefen Blütenkelchen ein. Um nicht das Gleichgewicht zu verlieren, hält der Schwertschnabelkolibri beim Ruhen den Riesenschnabel senkrecht nach oben.

Fast ein halbes Hähnchen:
Die größte Schnecke

Wie bei den giftigsten Schlangen müssen wir auch bei den Schnecken zwischen im Wasser und an Land lebenden Arten unterscheiden. Die größte, je vermessene Wasserschnecke war ein Exemplar der Sternschnecke aus der Gattung *Hexabranchus*, das 1991 vor der Inselgruppe Les Sept Frères im Roten Meer gefunden wurde. Die Existenz dieser kleinen Population der leuchtend rosa- und pfirsichfarbenen Nacktkiemer war bis dahin unbekannt. Während die größte Schnecke 52 cm lang und 37 cm breit bei geschätzten 2 kg Gewicht war, maß das kleinste Exemplar immerhin noch 33 × 21 cm. Damit kommt es in die Regio-

nen der größten Landschnecke, der Afrikanischen Echten
Achatschnecke (*Achatina achatina*). Sie erinnert an eine
übergroße Weinbergschnecke, weist aber eine durchschnittliche Gehäuselänge von 20 cm und eine Gesamtlänge im
ausgestreckten Zustand von maximal 39,3 cm auf – und
das bei 27,3 cm Gehäuselänge und 900 g Gewicht. Wenn
Achatina anstelle unserer Weinbergschnecke auf dem Gour-
metteller liegen würde, hätte diese Schnecke durchaus schon
die Ausmaße eines halben Hähnchens ...

Die schnellste Schnecke im Watt

Mit ihrem höchstens 6 mm langen, gelbbraunen Gehäuse
werden die Wattschnecken (*Hydrobia ulvae*) meist gar nicht
als Wattbewohner wahrgenommen, obwohl die Tiere ziemlich häufig und weit verbreitet sind und in Siedlungsdichten
von durchschnittlich etwa 20.000 Individuen/m^2 auftreten.
Gleichzeitig haben sie eine enorme Vermehrungsrate und

eine hohe Wachstumsgeschwindigkeit. Damit gehören sie trotz ihrer geringen Größe zu den wichtigsten Gliedern in der Nahrungskette – Strandkrabben verzehren sie mengenweise ebenso wie Scholle und Flunder oder verschiedene Seevögel wie Alpenstrandläufer, Brandente, Knutt und Seeregenpfeifer.

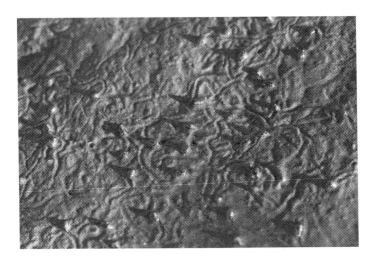

Aber wieso schnell? Meist kriechen Wattschnecken im üblichen Schneckentempo von ein paar Millimetern in der Minute über die Schlickflächen und weiden dabei die winzigen Kieselalgen des Sediments ab. Um Raum zu gewinnen und neue Gebiete zu erobern, können sich die Wattschnecken mit ihrer Kriechsohle auch einfach von unten an das Oberflächenhäutchen des Meerwassers hängen und sich so mit den Strömungen verdriften lassen. Wenn nach der Ebbezeit die Front des Flutstroms über das trocken liegende

Watt streicht, geschieht das im Tempo eines mäßig schnell schreitenden Fußgängers. Für die normalerweise eher behäbige Wattschnecke bedeutet dies jedoch einen ungeheuren Geschwindigkeitsrausch, denn sie kann nun in kurzer Zeit mehrere Kilometer Distanz überwinden.

Beeindruckend: Der längste Schnurrbart

Unter männlichen Zeitgenossen wird er durchaus ernsthaft und wettbewerbsmäßig ausgewählt und sogar prämiert. Im Tierreich sind erste Kandidaten um den Titel „längster Schnurrbart" die Flossenfüßer oder Robben: Seelöwen, Seebären, Walross, Seehunde und Mönchsrobben sind mehr oder weniger stark an das Leben im Wasser angepasst und allesamt Wasserraubtiere. Alle Arten der Flossenfüßer tragen in beiden Geschlechtern auf der Oberlippe Schnurr- oder Tasthaare, die im Nasenbereich besonders empfindlich sind. Jedes dieser Haarfollikel ist dabei von sensiblen Nervenfasern umgeben, welche die Unterwasserjäger selbst geringfügige, durch ein Beutetier verursachte Wasserbewegungen wahrnehmen lassen – vor allem dann, wenn die Sicht schlecht ist. Während ihrer Tauchgänge dienen die Schnurrhaare den Tieren vielleicht sogar als eine Art Geschwindigkeitsmesser. Einige Robben benutzen ihre Schnurrhaare anscheinend auch dazu, den Durchmesser ihrer Luftlöcher im Eis abzuschätzen. An Land oder auf dem Eis dienen sie dazu, Gegenstände oder Artgenossen zu untersuchen. Selbst für die Kommunikation werden sie eingesetzt, etwa als Droh- oder Abwehrsignal, wenn manche Robben während eines Kampfes ihre Schnurrhaare aufrichten. Weil männliche Robben regelmäßig ihre Kämpfe um Haremsreviere und Weibchen an den Stränden austragen, macht es Sinn, dass ihre Schnurrhaare länger sind.

Die Träger mit den längsten Schnurrbärten finden sich unter den neun Arten der Pelzrobben oder Seebären, bei denen die Männchen wesentlich größer sind. Unter ihnen hatte ein männlicher Kerguelenseebär (*Arctocephalus gazella*) mit 48 cm Länge das längste Schnurrbarthaar von allen. Die Männer dieser auf den Inseln südlich der Antarktis, vor allem auf Südgeorgien, vorkommenden Pelzrobben sind aber auch mit 165–200 cm Körperlänge und 90–210 kg Gewicht im Gegensatz zu ihren nur 115–149 cm großen und 25–55 kg leichten Weibchen echte Brocken. Deren aufgestellte Schnurrbärte beeindrucken Rivalen wie Sexualpartnerinnen sicher mehr, als das bei den menschlichen Schnurrbartträgern der Fall sein dürfte. Auch dann wohl noch, wenn der Weltrekord in Schnurrbartspannweite 2,59 m beträgt, gehalten von einem Inder …

Seidenfein: Der längste Spinnfaden

In der Natur spinnen erstaunlich viele Arten – die Spinnen sowieso, dann aber auch die Spinnmilben und die zu den Schmetterlingen gehörenden Spinner, bei denen die Raupen entweder umfangreiche und oft sehr auffällige Gespinste bilden oder Puppenkokons fertigen, in die sie sich zur Verwandlung zum flugfähigen Vollinsekt zurückziehen. Die für Radnetze oder andere Spinnereien eingesetzten Spinnfäden bestehen aus Proteinen (Eiweißstoffen) und gehören zu den besonders bewundernswerten Naturstoffen, die selbst den Kunstfasern der modernsten Polymerenchemie bei weitem überlegen sind. Die Reißlänge eines Fadens aus dem Fangnetz der Gartenkreuzspinne beträgt etwa 80 km – erst bei dieser Länge reißt der Faden unter seinem ohnehin extrem geringen Eigengewicht ab. Die Reißfestigkeit beträgt damit etwa 45 kg/mm^2 bei einem tatsächlichen Fadenquerschnitt von 5–21 µm. An diesem seidenen Faden zu hängen, ist daher relativ sicherer als eine Bergbahnfahrt am zentimeterdicken Stahlseil. Dennoch verwendet die Umgangssprache das Bild vom zarten zerbrechlichen Seidenfaden im Sinne einer hochgradigen Gefährdung.

Selbst die vielen Meter Fadenmaterial tropischer Spinnen, die Netze bis zu 10 m Durchmesser bauen, sind eigentlich wenig im Vergleich zur Fadenlänge, welche die Raupe des Maulbeerseidenspinners (*Bombyx mori*) für die Fertigung des Kokons aus zwei Düsen an ihrer Unterlippe zusammenspinnt: Bis zu 4 km Fadenmaterial sind in einem einzigen Kokon verarbeitet. Davon sind aber nur etwa 800 m fehlerfrei abzuwickeln und weiter zu verwenden. Der Kokonfaden besteht aus dem Protein Fibroin und einer klebrigen Hüllsubstanz Sericin. In heißer Seifenlauge wird die Sericinhülle entfernt, um den glänzenden Fibroinfaden (Durchmesser 8–15 µm) zu erhalten. Für das Seidenkleid eines mittelmäßigen Mannequins benötigt man etwa 0,5 kg Seide oder rund 1700 Kokons bzw. 1350 km Fibroin-Faden. Dafür haben die Seidenspinnerraupen etwa so viele Maulbeerblätter verzehrt, wie die Trägerin des Kleides wiegt.

Hoch hinaus: Wer springt höher als der Kölner Dom?

Sprachpuristen haben auf diese Frage vermutlich eine überraschend schnelle Antwort: Nachbars Katze kann es ebenso wie der Grünfrosch im Gartenteich oder auch jeder von uns, denn der Kölner Dom kann ja gar nicht springen … Nun

Der Kölner Dom – zum Überspringen sicher zu hoch

betrachten wir hier aber natürlich nicht die Sprunghöhe eines berühmten Bauwerkes, sondern legen einfach die Messlatte auf die Spitze des leicht höheren südlichen Domturmes (157 m). Wollte ein rekordverdächtiger Hochspringer sich darüber hinweg setzen, ohne Anstoß zu erregen, müsste er einen Hüpfer von mehr als dem 100-Fachen seiner Körperlänge vollführen – ein völlig hoffnungsloses Ansinnen. Der derzeitige Hochsprungweltrekord liegt bei 2,09 m (Frauen) bzw. 2,45 m (Männer). Für die Stars im Flohzirkus ist das aber eher unterer Durchschnitt: Ein Hunde- oder Katzenfloh springt – übrigens aus dem Stand – locker 50 cm hoch und überwindet damit ungefähr das 150-Fache seiner Körperlänge.

Tierische Powells: Der weiteste Springer

Mike (Michael Anthony) Powell gelang am 30. August 1991 der legendäre Riesensatz von 8,95 m. Bislang springen ihm alle anderen Weltklasseathleten um einen halben Meter hinterher. Wenn bei einem Weitsprungwettbewerb Tiere mitspringen könnten, würden Pumas, Schneeleoparden und Rote Riesenkängurus Powells Rekordsprung geradezu atomisieren. Allen anderen Weltklassespringern wären sie mit ihren Weiten ohnehin bei Weitem überlegen. So liegt der Weitsprungweltrekord eines Pumas (*Puma concolor*) auf ebener Erde bei 11,7 m. Rote Riesenkängurus (*Macropus giganteus*) kamen schon auf nachgemessene 13,5 und 12,8 m. Und ein Schneeleopard sprang sogar 15 m weit über einen Graben. Was aber sind diese Leistungen gegen die Sprunggewalt eines Flohs? So sprang ein 2–4 mm kleiner Menschenfloh (*Pulex irritans*) schon mal gemessene 33 cm weit. Aber: Wir sollten halt nicht Äpfel mit Birnen, geschweige denn menschliche Weitspringer mit Kängurus, Pumas und Schneeleoparden oder gar mit Flöhen vergleichen.

Mehr als Statussymbole: Die längsten Stoßzähne

Neben ihrem Rüssel sind Stoßzähne das besondere Markenzeichen der Elefanten. Sie können nicht nur als Statussymbole zum Imponieren, sondern auch zum Graben, Entrinden, Bewegen von Gegenständen, als Verteidigungs- wie Angriffswaffen und selbst als Rüsselstütze oder -schutzstange dienen. Imponierend – auch auf uns Menschen – wirken sie allemal, vor allem die großen Stoßzähne der Bullen. Während beim Afrikanischen Elefanten beide Geschlechter Stoßzähne ausbilden, entwickeln bei den Asiatischen Elefanten nur die Bullen ansehnliche Stoßzähne. Bei den Weibchen sind sie dagegen nur angedeutet oder fehlen ganz. Asiatische Stoßzahnträger bezeichnet man als Tusker, stoßzahnlose Bullen als Maknas. Ein Afrikanischer Steppenelefantenbulle, der 1897 am Fuße des Kilimandscharo erlegt wurde, trug die schwersten und längsten je vermessenen Stoßzähne. Einzeln wogen sie 109 und 102 kg bei Längen von 3,11 bzw. 3,18 m. Auch ein Elefant aus Kenia wurde in den 1970er-Jahren berühmt: „Ahmed" aus den Bergwäldern um Marasabit in Nordkenia stand bis zu seinem natürlichen Tod 1974 unter dem persönlichen Schutz des damaligen kenianischen Präsidenten Jomo Kenyatta. Heute ist „Ahmed" im Nationalmuseum in Nairobi ausgestellt. Seine prächtigen Stoßzähne wogen 66,6 bzw. 67,5 kg. Damit wäre er ein würdiges Mitglied im „Club der Hundertpfünder" (gemessen in englischem Pfund) – so werden die Bullen im südafrikanischen Krüger-Nationalpark genannt, die über 45 kg Elfenbein pro Zahn mit sich herumtragen. Die berühmtesten Hundertpfünder wiederum waren sieben besonders genau von den Parkrangern beobachtete und betreute Bullen, genannt die „Magnificent Seven".

Das größte Tier, das je auf Erden lebte

Um es zu finden, müssen wir nicht in längst vergangenen Zeitepochen suchen. Es lebt unter uns, wird 24–27 m lang und 130–150 t schwer – ein Gewicht, das etwa dem von 33 Elefanten entspricht, den größten, heute an Land lebenden Tieren. Ein Körper mit solch gewaltigen, in Elefanteneinheiten messbaren Dimensionen, kann nur im Wasser existieren. An Land würden zur Fortbewegung dieser Masse so gigantische Gliedmaßen notwendig sein, die jedem physikalischen Gesetz widersprechen. In den polaren bis tropischen Meeren ist er in drei Unterarten zu Hause, der Nördliche, der Südliche und der Zwergblauwal. Die beiden ersten Blauwal-Unterarten *Balaenoptera musculus musculus* und *Balaenoptera musculus indica* übertreffen an Größe alles, was jemals als Dinosaurier unsere Erde bevölkerte. Der in den Meeren der Südhalbkugel, vor allem im südlichen Indischen Ozean und im Südpazifik beheimatete Zwergblauwal

Balaenoptera musculus *brevicauda* wird dagegen „nur" bis
zu 24 m lang und „gerade mal" 70 t schwer.

Worin liegt der Vorteil dieser Riesen? Große Körper
können einfach mehr Fett zum Warmhalten einlagern.
Außerdem ist zur Erhaltung der Körperwärme im eiskal-
ten Meerwasser eine große Körpermasse von Vorteil, denn
mit zunehmender Größe wird das Verhältnis von Oberfläche zum Volumen immer günstiger. Schließlich weisen
alle Meeressäuger als Isolierschicht mit dem Blubber ein
subkutanes Fettgewebe auf. Diese Schicht kann bei den
arktischen Grönlandwalen bis zu 50 cm dick werden. Selbst
beim Tieftauchen hält der Blubber die Körpertemperatur
konstant auf 36–37 °C. Bei dieser Isolierung kann es Walen allerdings leicht zu warm werden! Weil die Fähigkeit
zur Sauerstoffspeicherung proportional zur Körpergröße
wächst, können Großwale mehr Sauerstoff speichern – und
das sowohl absolut als auch in Relation zum Sauerstoffver-
brauch. Deshalb können die größten Wale auch am tiefsten
tauchen. Wie aber wiegt man ein solch schweres Tier wie
den Blauwal? Noch nie konnte einer „am Stück" gewogen
werden. Immer wurden die Gewichtsangaben durch Ad-
dition von Teilmengen eines Wals ermittelt (wie Fleisch +
Speck + Knochen). Die schwersten Blauwale waren Kühe,
die im Südpolarmeer bzw. im Südatlantik gewogen wurden. Sie ergaben Gewichte von 190 bzw. 199 t. Auch der
längste, je vermessene Blauwal war eine Kuh, die 1909 bei
Grytvillen (South Carolina) am Südatlantik strandete und
unglaubliche – aber nachgemessene – 33,58 m lang war.

Alt wie Methusalem:
Das langlebigste Säugetier

Unter den Säugetieren ist das langlebigste Säugetier immer noch der Mensch. Von unserer Art gibt es nicht wenige Exemplare, die deutlich das biblische Alter von über 100 Jahren überschritten und dabei noch recht fit in Geist und Körper blieben. Die über 110-Jährigen sind da schon seltener. Sie werden deshalb auch als „Supercentenarians" herausgehoben. Unter den Altersrekordlern befinden sich vor allem Frauen. So starb 2005 eine Holländerin mit 115 Jahren. Drei Wochen vor ihrem 117. Geburtstag verstarb 2006 eine Südamerikanerin, und eine alte Dame vom gleichen Kontinent soll bereits 126 Jahre Erdenbürgerin sein.

Nach uns in Sachen Langlebigkeit folgt unter den Säugetieren der Elefant. Allerdings gehören 100-jährige Elefanten eindeutig in den Bereich der Märchen. Über wilde Elefanten liegen kaum genaue Altersangaben vor. Am ehesten lassen sich – dank ihrer unverwechselbaren Individualmerkmale – die großen Stoßzahnträger altersmäßig einstufen: Unter den Afrikanischen Elefanten gelten die Bullen ab 45–50 Jahren als alt, ihr Höchstalter erreichen sie zwischen 55 und 60 Jahren. Die Rüsselträger sind dann längst nicht mehr so kraftstrotzend wie ihre Geschlechtsgenossen auf dem Höhepunkt ihres Lebens. Es sind ihre Zähne, genauer die Backenzähne (Molaren), die ein Elefantenleben endlich machen. Vier davon, sozusagen ein Molarenquartett, trägt jeder Dickhäuter als Kaufläche mit sich rum. Und nur sechs Mal können sich diese im Laufe eines Elefantenlebens erneuern. Der Verlust von Molar I erfolgt zwischen dem

1. und 2. Lebensjahr, von Molar II zwischen dem 3. und
4. Lebensjahr. Die nächsten Zahnwechsel kommen dann
zwischen dem 9. und 10. (Molar III) und zwischen dem
19. und 25. Lebensjahr (Molar IV). Für den Wechsel von
Molar V und Molar VI gibt es dagegen keine gesicherten
Altersangaben. Sicher ist nur, dass das 6. Molarenquartett
unwiderruflich das letzte bei Elefanten ist. Nach Verbrauch
bzw. Abnutzung dieser Zähne sterben die Tiere, weil sie
mangels eines funktionstüchtigen Kauapparates schlicht-
weg verhungern. Würden Elefanten mit uns gleichgestellt,
erreichte kaum einer unser Rentenalter. Verbürgter Altersrekord einer Elefantenkuh ist 65 Jahre. Es war „Jessie", die
als Geschenk des Königs von Siam in den Zoo von Sydney
kam und dort nachweislich 55 Jahre lang als Reitelefant
zahllose kleine Australierinnen und Australier auf ihrem
grauen Rücken trug. 55 Jahre lebte die Asiatische Elefantenkuh „Kitty" im berühmten Circus Krone. Und „King
Tusk", ein asiatischer Bulle mit gewaltigen Stoßzähnen (also
ein „Tusker") trat zuletzt in den Ringling-Shows als Starat-
traktion auf. Mit 55 Jahren musste er auf der Ringling-
Station für ältere Elefanten in Williston/Florida – quasi ein
Elefantenaltersheim – wegen Fußproblemen eingeschläfert
werden.

Für unsere nächsten Verwandten, den Menschenaffen, liegen die verbürgten Altersrekorde bei 59 Jahren in
menschlicher Obhut (ein Schimpanse im Yerkes Prima-
tenzentrum und ein Orang Utan im Zoo von Philadel-
phia/USA) bzw. gegen 50 Jahren bei einem Berggorilla
in seinem natürlichen Lebensraum, den Vulkanbergen im
Grenzgebiet von Zaire, Ruanda und Uganda.

So alt wie manche Landschildkröten (hier die Seychellen-Schild-kröte) werden Säugetiere im Allgemeinen nicht

Wenn wir uns unter den Landtieren außerhalb der Säugetiere umsehen, werden manche Kriechtiere doch deutlich älter als Menschen und Elefanten. Altersangaben von über 200- bis 300-jährigen Landschildkröten sind allerdings ebenso wenig seriös nachgewiesen wie die von bis zu 200 Jahre alten Krokodilen. Das höchste belegte Alter für ein Krokodil erreichte mit 66 Jahren ein weiblicher Mississippi-Alligator im südaustralischen Adelaide-Zoo. Die älteste Schildkröte – und gleichzeitig das älteste an Land lebende Tier – war mit 152 nachweisbaren Lebensjahren ein Männchen der Seychellen-Riesenschildkröte der Unterart *Geochelone gigantea sumeirei*. Sie wurde mit weiteren vier ihrer Artgenossen nach Mauritius gebracht und dort den französischen Soldaten der Garnison von Port Louis geschenkt. Mit Einnahme der Insel durch die Briten 1810 wurden die Schildkröten von den kapitulierenden Franzosen offiziell an die Briten übergeben. Das letzte Exemplar machten die englischen Soldaten zu ihrem Maskottchen. Es erblindete 1908 und starb 10 Jahre später, als es durch einen Geschützstand fiel. Nachdem die Schildkröte beim Einfangen auf den Seychellen bereits ausgewachsen war, könnte sie auch knapp 200 Jahre alt geworden sein. Sicher ist, dass sie das letzte überlebende Exemplar der Unterart *sumeirei* war, die damit 1918 den (Unter-)Artentod starb. Ein langes Leben, ob als Elefant, Menschenaffe oder Mensch, scheint allemal abwechslungsreicher zu sein als das einer Schildkröte.

Flüssige Wesen:
Das wasserhaltigste Tier

Auch der knochigste Zeitgenosse mit staubtrockenem Humor ist – analytisch betrachtet – ein wandelndes Gewässer: Der menschliche Körper besteht im Durchschnitt zu rund 75 % aus dem wunderbaren Naturstoff H_2O. Von der Sohle bis zur Brustlinie sind wir also nichts als klare Flüssigkeit, und nur von der Brusthöhe bis zum Scheitel organische oder sonstige Trockensubstanz.

Bei Organismen im Lebensraum Wasser ist der wässrige Anteil meist noch deutlich höher, denn sie können im Allgemeinen auf tragende, stützende Körperkonstruktionen verzichten. Das Wasser nimmt ihnen sozusagen einen großen Teil der statischen Probleme ab. Die mit Abstand

Fast nichts als Wasser: Gestrandete Individuen der Ohrenqualle (*Aurelia aurita*)

wässrigsten Tiere sind die frei schwimmenden Nesseltiere, von Fachleuten Medusen genannt, von Badetouristen dagegen gewöhnlich als Quallen zitiert. Obwohl einige Arten mit ihren äußerst potenten Nesselgiften kritisch gefährlich sind, gehören sie vor allem im Lebensraum Meer zu den formvollendetsten Geschöpfen überhaupt – transparent wie elfengleiche Traumgebilde mit Schleiern und Schleppen in zartester Pastelltönung. Manche Arten wie die große Wurzelmundqualle (*Rhizostoma atlanticum*) werden mit 1 m Durchmesser fast wagenradgroß. Vom Wellengang auf den Strand geworfen, welkt ihre bezaubernde Ästhetik allerdings rasch dahin. Die sommerliche Sonne leistet ein

Übriges. Zurück bleibt nach Stunden oder längstens Tagen nur ein folienartiges Häutchen. Gestrandete Medusen kann man regelrecht herbarisieren: Schon unter mäßigem Druck verflachen sie sich auf einem Bogen Schreibpapier zum hauchdünnen Film. Eigentlich kein Wunder: Ihr Wassergehalt beträgt rund 99 %.

Geborgenheit im Mutterschoß: Die längste Tragzeit

Beim Afrikanischen Elefanten (*Loxodonta africana*) beträgt sie rund 656 Tage, beim Asiatischen Elefanten (*Elephas maximus*) dauert sie zwischen 615 und 668 Tagen. Das sind etwa 22 Monate, die von der Zeugung bis zur Geburt eines neuen Rüsselträgers vergehen. Wer so viel Zeit in seinen Nachwuchs investiert, geht entsprechend liebevoll und fürsorglich mit dem neuen Erdenbürger um. Nicht umsonst gehört das Beobachten von tollpatschigen Elefantenbabys, die von ihrer Mutter und einigen Tanten gemeinsam betreut werden, zu den entzückendsten Erlebnissen. Elefantengeburten bescheren Zoos deshalb immer auch volle Kassen. Dagegen machen es die Kurznasenbeutler kurz: Bei ihnen kommen die Jungen bereits nach 12,5 Tagen Tragzeit zur Welt, um gleich danach im mütterlichen Beutel ohne großes „Tamtam" zu verschwinden.

Wind unter den Federn:
Der älteste Vogel

Der älsteste Vogel bleibt erdgeschichtlich unbestritten der Urvogel *Archaeopteryx lithographica*. Weil er sowohl Vogel- wie Reptilienmerkmale zeigt, liefert er den eindeutigen Beweis, dass Vögel von den Reptilien abstammen. Im späten Jura vor 150 Mio. Jahren war der elsterngroße *Archaeopteryx* unterwegs – ob aus eigenem Antrieb fliegend oder eher gleitend, bleibt bis heute Anlass zum Gelehrtenstreit.

Schneekranich

In der jüngeren Erdgeschichte hält dagegen ein anderer Vogel den Altersrekord: Mit 82 Jahren erreichte ein Schneekranich (*Grus leucogeranus*) das höchste nachgewiesene Lebensalter eines Vogels. Er soll 1905 in einem Schweizer Zoo geschlüpft und Ende 1988 im Kranichzentrum der International Crane Foundation in Baraboo, Wisconsin (USA) gestorben sein – und das auch nur, weil sich dieser Methusalem den Schnabel bei der Abwehr eines Besuchers brach. Während Altersrekorde von 100 Jahren für Papageien bisher unbestätigt blieben, ist für ein Gelbhaubenkakadumännchen (*Cacatua galerita*) ein Alter von über 80 Jahren verbürgt. Das Tier starb 1982 im Londoner Zoo. Sein voriger Besitzer hatte es 1925 dorthin übergeben, nachdem er den Kakadu bereits seit 1902 vollerwachsen bei sich gehalten hatte. Als Wildvogel rekordverdächtig ist ein weiblicher Königsalbatros (*Diomedea epomohora*) namens „Blue-White". Das Tier wurde 1937 ausgewachsen bei Neuseeland beringt und kehrte erst 1990 nicht mehr zu seiner Kolonie zurück. Nimmt man für den Brutbeginn ein Lebensalter von neun Jahren an, muss „Blue-White" 1928 oder noch früher geschlüpft sein. Noch mit 60 Jahren legte das Albatrosweibchen, jetzt zu Recht in „Granma" umgetauft, noch ein Ei. Fürwahr, der älteste Brutvogel der Welt ...

Einfach überragend: Der größte Vogel

Die größte noch unter uns lebende Vogelart ist der Afrikanische Strauß. Unter den fünf heute unterschiedenen Unterarten von *Struthio camelus* ist *Struthio camelus camelus*,

der Rothalsstrauß, mit bis zu 2,75 m Höhe der allergrößte. Kopf und Hals dieses Rekordhalters sind allein schon 1,4 m lang. Sein Verbreitungsgebiet dehnt sich südlich des Atlasgebirges vom Oberlauf des Senegals und Nigers bis zum Sudan und Zentraläthiopien aus. Straußenhähne sind im Schnitt größer und schwerer als ihre Hennen (Hähne 210–275 cm bei 100–156 kg, Hennen 175–190 cm bei 90–100 kg). Gewichtsmäßig wird der Rothalsstrauß allerdings noch von seinem Vetter in Südafrika, *Struthio camelus australis*, übertroffen. Schwergewichtige Südafrikanische Strauße können bis zu 160 kg wiegen. Weitaus schwerer wurde wohl ein prähistorischer, riesiger Vogel von Emugestalt. Vor 25.000 bis 15 Mio. Jahren in Südaustralien lebend, berechnete man anhand seiner fossilen Beinknochen ein Gewicht von bis zu 500 kg für diesen etwa 3 m hohen Riesenvogel *Dromornis stirtoni*. Mit diesen Maßen übertraf er den ebenfalls flugunfähigen, auf Madagaskar lebenden Elefantenvogel (*Aegyornis maximus*) bei gleicher Körperhöhe etwa um 50 kg. An Höhe reichte jedoch keines dieser beiden Schwergewichte an den ebenfalls schon ausgestorbenen neuseeländischen Riesenmoa (*Dinornis maximus*) heran. Zwar „nur" etwa 227 kg wiegend, erreichte das größte Exemplar dieser Vogelart eine Höhe von 3,7 m.

Echte Elfen: Der kleinste Vogel

Dieser Titel gehört einem auf Kuba und auf Isla de Piños lebenden Kolibri, der Bienenelfe *Mellisuga helenae*. Die rotköpfigen Männchen sind die winzigsten Vögel der Welt. Bei einer Gesamtlänge von 5–6 cm machen Schnabel und Schwanz fast die Hälfte der Körperlänge aus. Während die Bienenelfenmännchen 1,6 g auf die Waage bringen, wiegen die ohne Rot im Gefieder auskommenden, grün gescheitelten Weibchen immerhin 0,3 g mehr. Mit 6–7 cm Gesamtlänge auch nicht viel größer ist die Hummelelfe *Chaetocerus bombus* aus den Wäldern Ecuadors und des nördlichen Peru. Im Gegensatz zur Bienenelfe ist die Hummelelfe aber vom Aussterben bedroht. Ihr Lebensraum, der Nebelwald, wird immer weiter abgeholzt. So scheint selbst für solche Winzlinge, für die es für uns und für alle unsere Mitlebewesen keinen Ersatz gibt, aufgrund unseres Raubbaus bald kein Platz mehr auf der Erde zu sein.

Bienenelfe (*Mellisuga helenae*)

Alles nur kleine Fische:
Das kleinste Wirbeltier

Als kleinstes Wirbeltier der Welt galt bis vor Kurzem ein winziger Korallenfisch (*Schindleria brevipinguis*), bei dem australische Forscher die Geschlechtsreife für ein nur 8,4 mm langes Weibchen nachweisen konnten – die Fortpflanzungsfähigkeit gilt bei Biologen als Merkmal für ein erwachsenes Tier. Vor kurzem fanden deutsche Biologen in den stark säurehaltigen Schwarzwasser-Torfmoosen Indonesiens jedoch einen noch kleineren Minifisch. Manche Exemplare der *Paedocypris progenetica* genannten Art werden nur knapp 8 mm lang. Das kleinste geschlechtsreife Weibchen unter den bislang gesammelten Exemplaren maß nur 7,9 mm. Zusammen mit der ebenfalls neuen, nur wenig größeren Art *Paedocypris micromegethes* aus Malaysia bildet der indonesische Winzling auch eine ganz neue, eigene Fischgattung. Doch weitere Forschungserkenntnisse könnten an der rasanten Zerstörung des Lebensraumes dieser Minifische scheitern. Auch die winzige Korallenfischart hat bisher nur wenige Geheimnisse von sich preisgegeben, denn bis heute sind nur sechs Exemplare bekannt.

Zu groß für den Angelhaken: Der dickste (Regen-)Wurm

Den Rekord des dicksten Wurms hält der australische Riesenregenwurm *Megascolides australis*. Auf der anderen Seite der Erde zu Hause, erreicht der Wurmriese Längen von 2–5 m bei einer Dicke von bis zu 8 cm. Unsere Regenwürmer haben sich vor etwa 200 Mio. Jahren entwickelt und sind damit erdgeschichtlich älter als die Dinosaurier. Die Zahl der Ringsegmente, aus denen der Wurmkörper besteht, nimmt mit dem Alter der Tiere zu. Mithilfe von Ring- und Längsmuskeln, die nacheinander kontrahieren, bewegt er sich wellenartig vorwärts. Die Borstenpaare dienen dabei als Widerhaken. Optisch besonders auffällig ist im Frühjahr das Klitellum am Ende des ersten Körperdrittels – ein Gürtel aus mehreren angeschwollenen, helleren und drüsigen Segmenten. Sie sondern Schleim ab, der bei der Paarung und Kokonanlage im Frühjahr benötigt wird. Als Zwitter haben die Tiere sowohl weibliche wie auch männliche Geschlechtsorgane und befruchten sich bei der Paarung wechselseitig. Dass bei einem zertrennten Regenwurm beide Teile weiterleben, ist dagegen ein weit verbreiteter Irrtum. Nur ein Wurmteil, und zwar der vordere, hat eine Überlebenschance – und auch nur dann, wenn dieser lang genug ist.

Nicht dick, aber fast endlos: Der längste Wurm

Würmern haftet ein negatives Image an. Ein „armer Wurm" oder ein „armes Würmchen" ist ein hilfloser Mensch. Wer sich „windet wie ein Wurm" fügt sich unterwürfig oder rückt nicht mit der Sprache heraus. Wenn uns etwas quält, „wurmt es uns", und in manch äußerlich verlockendem Apfel wie auch in einem vermeintlich „tollen" Angebot kann durchaus „der Wurm drin sein". In den seichten Nordseegewässern ist er allemal drin, der längste bekannte Wurm. Das ist ein Schnurwurm, der zu Recht auf den wissenschaftlichen Namen *Lineus longissimus* „hört" und es dabei auf gute 45 m Länge bringt. Ein Exemplar, das 1864 nach einem starken Sturm bei St. Andrews, Fife (Großbritannien) an den Strand gespült wurde, war sogar über 55 m lang!

Zusammengezogen sehen die Schnurwürmer gar nicht so groß aus, aber tatsächlich gehören sie zu den längsten Wirbellosen

Wenn auch nicht besonders beliebt – außer bei Anglern – so doch als Bodenverbesserer äußerst nützlich, sind unsere Regenwürmer. Wenn wir beim Graben im Garten 10 cm lange Regenwürmer zu Tage fördern, ist das nichts im Vergleich zum längsten Regenwurm, dem riesigen *Michrochaetus rappi* aus Südafrika. Bei einer durchschnittlichen Länge von 1,36 m ist, wie 1937 in Transvaal, durchaus auch mal ein Exemplar von 6,7 m Länge dabei. Das kann sich dann längenmäßig durchaus mit Riesenschlangen messen, nicht aber mit deren Körperdurchmesser: Schließlich bringt es der längste Regenwurm im Durchmesser gerade mal auf schlappe 2 cm.

Beachtliche Reichweite:
Die längste Zunge der Welt

Die längste Säugetierzunge der Welt gehört – gemessen an der Körpergröße – keineswegs den langhalsigen Giraffen, die damit in für andere Arten unerreichte Nahrungshöhen hervordringen können, sondern einer kleinen tropischen Blattnasenfledermaus. Mit ca. 8,5 cm ist die Zunge der Langnasenfledermaus *Anoura fistulata* bis zu 1,5-mal so lang wie das ganze übrige Tierchen. Nicht wie üblich entspringt diese Rekordzunge der Mundhöhle dieser Fledermaus, sondern zwischen Herz und Brustbein. Die in den Nadelwäldern Ecuadors umherflatternde Fledermaus nutzt ihre extrem lange Zunge, um damit Nektar aus den tiefen Blütenkelchen der Glockenblume *Centropogon nigricans* zu saugen. Im Gegenzug für diese süße Belohnung wird die Blume von der Fledermaus bestäubt. Was Forscher bisher nur vermuteten, scheint damit bewiesen: Der erste Fall einer derartigen Spezialisierung von Blumen und Fledermäusen deutet auf eine gemeinsame Evolution hin, eine Koevolution von Blüte und bestäubendem Tier.

Zwergmännchen: Leichte Jungs
und schwere Mädchen

Was bei menschlichen Paaren eher an eine Karikatur erinnert, ist bei vielen Tierarten völlig normal: Das Weibchen ist deutlich größer als das Männchen und übertrifft es folglich auch an Gewicht. Bei den heimischen Greifvogelarten wie dem Baumfalken beträgt das Gewichtsverhältnis des Männchen zum Weibchen ungefähr 1:1,5, beim Sperber ist das Weibchen sogar 2,2-mal so schwer wie das Männchen. Geradezu walkürenhaft zeigen sich die bis zu 13 cm langen weiblichen Erdkröten, die ihre höchstens 8 cm langen Männchen sogar huckepack zum Laichgewässer tragen. Auch bei etlichen Fischen finden sich erhebliche Größenunterschiede der Geschlechter – beim Europäischen Aal sind die bis über 1 m langen Weibchen meist mehr als doppelt so lang wie die Männchen.

Noch ungewöhnlicher sind die Größenverhältnisse bei vielen Tiefseefischen aus der Familie der Anglerfische. Beim Laternenangler *Linophryne arborifera* ist das Weibchen etwa 25 cm lang, das Männchen dagegen nur um 3 cm. Mehr noch: Hat das vergleichsweise winzige Männchen eine Partnerin gefunden, beißt es sich irgendwo an deren Körper fest und verwächst mit ihm, bildet die meisten eigenen Körperteile zurück und wird somit gleichsam zu einem zusätzlichen Geschlechtsorgan des Trägerweibchens. Bei vielen Anglerfischen macht deshalb die Masse des verzwergten Männchens nur etwa 0,5 % des Weibchens aus.

Literatur

Carwardine M (2000) Guiness Buch der Tierrekorde. Komet, Frechen

Copeland HF (1956) The Classification of Lower Organisms. Pacific Books. Palo Alto

Couzens D (2010) Rekorde der Vogelwelt – 130 Extreme. Haupt, Bern, Stuttgart, Wien

Cypionka H (2006) Grundlagen der Mikrobiologie, 3. Aufl. Springer, Heidelberg

Del Hoyo J, Elliott A (2013) Handbook of the Birds of the World. In: Sargatal J, Christie DE (Hrsg) Editions. Barcelona, Bd. 1992. Lynx, (17 Bde)

Ellis MB, Ellis JP (1997) Microfungi on Land Plants. An Identification Handbook. Richmond Publishing Co. Ltd., Slough

Elephant Group (Hrsg) (1999) Elefanten-Dokumentation 1999 – Nachweise zu Höchstalter, Größe, Wachstum u. a. Grünwald/München 160 S

Gebhardt E (2011) Der große. BLV, Pilzführer für unterwegs. BLV Buchverlag, München

Gros M (1997) Exzentriker des Lebens. Spektrum Akademischer Verlag, Heidelberg

© Springer-Verlag GmbH Deutschland 2017
K. Richarz und B. P. Kremer, *Organismische Rekorde*,
DOI 10.1007/978-3-662-53780-0

Hausmann K, Kremer BP (Hrsg) (1995) Extremophile. Mikroorganismen in ausgefallenen Lebensräumen, 2. Aufl. VCH Verlagsgesellschaft, Weinheim

Howland JL (2000) The Surprising Archaea. Discovering Another Domain of Life. Oxford University Press, Oxford

Huber H, Hohn MJ, Rachel R, Fuchs T, Wimmer VC, Stetter KO (2002) A new phylum of Archaea represented by a nanosized hyperthermophilic symbiont. Nature 417(6884):63–67

Huber H, Hohn MJ, Stetter KO, Rachel R (2003) The phylum Nanoarchaeota: present knowledge and future perspectives of a unique form of life. Res Microbiol 154:165–171

Hudler GW (2000) Magical Mushrooms, Mischievous Molds. The Remarkable Story of the Fungus Kingdom and its Impacts on Human Affairs. Princeton University Press, Princeton

Jones R (2010) Rekorde der Insektenwelt – 130 Extreme. Haupt, Bern

Kleesattel W (1999) Überleben in Eis, Wüste und Tiefsee. Wie Tiere Extreme meistern. Wissenschaftliche Buchgesellschaft, Darmstadt

Kothe H, Kothe E (1996) Pilzgeschichten. Wissenswertes aus der Mykologie. Springer, Heidelberg

Kremer BP (2010) Mikroskopieren ganz einfach. Franckh-Kosmos, Stuttgart

Lecointre G, Le Gyader H (2006) Biosystematik. Springer, Heidelberg

Macaya EC, Zuccarello GC (2010) DNA barcoding and genetic divergence in the giant kelp *Macrocystis* (Laminariales). J Phycol 46(4):736–742

Madigan MT, Martinko JM, Parker J (2000) Brock Mikrobiologie. Spektrum Akademischer Verlag, Heidelberg

Mägdefrau K (1992) Geschichte der Botanik. Leben und Leistung großer Forscher. Gustav Fischer, Stuttgart

Marais J, Hadaway D (2008) Great Tuskers of Africa. Penguin Books, South Africa

Margulis L, Schwartz KV (1989) Die fünf Reiche der Organismen. Ein Leitfaden. Spektrum–der-Wissenschaft-Verlagsgesellschaft, Heidelberg

Mazak V (1979) A. Ziemsen Verlag, Wittenberg Lutherstadt. Der Tiger. Neue Brehmbücherei, Bd. 356

Mittermeier R, Wilson DE (Hrsg) (2009–2016) Handbook of the Mammals of the World. Bis jetzt Vol. 1–6, Lynx Editions, Barcelona

Reitz M (1986) Die Alge im System der Pflanzen. *Nanochlorum eucaryotum*. Gustav Fischer, Stuttgart

Schön G (1999) Bakterien, Die Welt der kleinsten Lebewesen. C.H. Beck, München

Schön G (2005) Pilze – Lebewesen zwischen Pflanze und Tier. C.H. Beck, München

Seenivasan R, Sausen N, Medlin LK, Melkonian M (2013) *Picomonas judraskeda* Gen. et Sp. Nov.: The First Identified Member of the Picozoa Phylum Nov., a Widespread Group of Picoeukaryotes, Formerly Known as 'Picobiliphytes'. PLOS ONE 8(3):e59565. doi:10.1371/journal.pone.0059565

Sommer U (1996) Algen, Quallen, Wasserfloh. Die Welt des Planktons. Springer, Heidelberg

Teuscher E, Lindequist U (2010) Biogene Gifte. Biologie – Chemie – Pharmakologie – Toxikologie, 3. Aufl. Wissenschaftliche Verlagsgesellschaft, Stuttgart

Trapp W (1998) Kleines Handbuch der Maße, Zahlen, Gewichte und der Zeitrechnung. Reclam, Stuttgart

Wagenitz G (2008) Wörterbuch der Botanik. 2. Auf. Nikol, Hamburg

Wharton DA (2002) Life at the Limits. Organisms in Extreme Environmentes. Cambridge University Press, Cambridge

Whittacker RH, Margulis L (1978) Protist Classification and the Kingdoms of Organisms. Biosystems 10:3–18

Woese CR, Kandler O, Wheelis ML (1990) Towards a natural system of organisms. Proposal for the domains Archaea, Bacteria, and Eucarya. Proc Natl Acad Sci USA 87:4576–4579

Sachverzeichnis

Printed in the United States
By Bookmasters